JN411979

가장 쉬운

수학 도형

가장 쉬운
수학 도형

초 판 1쇄 인쇄일 2026년 1월 23일
초 판 1쇄 발행일 2026년 2월 02일

지은이 김용희
펴낸이 김지영 **펴낸곳** 지브레인Gbrain
편집 김현주 · 박구연
마케팅 김동준 · 조명구 **제작 · 관리** 김동영

출판등록 2001년 7월 3일 제2005-000022호
주소 04021 서울시 마포구 월드컵로7길 88 2층
전화 (02)2648-7224 **팩스** (02)2654-7696

ISBN 978-89-5979-814-8(03410)

- 책값은 뒤표지에 있습니다.
- 잘못된 책은 교환해 드립니다.

가장 쉬운

수학 도형

김용희 지음

머리말

수학은 생각보다 우리 가까이 있다는 이야기는 너무 흔한 말이라 식상하지만 그래도 도형을 소개하면서 다시 한번 이야기할까 한다.

우리가 살고 있는 집, 건물, 다리, 논밭과 같은 큰 것들부터 컵, 그릇, 사물함, 책상, 의자, 노트, 컴퓨터, 연필, 볼펜 등등 우리 삶을 이루는 물품들을 살펴보자. 정말 다양한 형태의 도형들을 관찰할 수 있을 것이다. 이젠 생활의 필수품이 된 스마트폰, 컴퓨터뿐만 아니라 과일이나 빵, 채소들, 해와 달, 산과 바다에서도 우리는 다양한 도형을 발견한다. 구체적인 형태를 지닌, 인류의 실생활과 밀접하게 발전해온 수학 분야가 바로 도형인 것이다. 때문에 그 어떤 수학 분야보다도 더 우리와 친숙해야 하는 것이 도형이다.

그런데 학생들은 도형을 어려워한다. 입체도형의 겉넓이나 삼각비, 원주율이 나오면 지레 겁을 먹고 일단 눈과 귀를 막는 학생들도 있다.

10여 년 동안 학생들을 가르치면서 느낀 것은, 아마도 도형에 대한 연구가 어떻게 시작되고 어떤 식으로 발전하며 우리 생활 속에 들어왔는지 즉 역사와 함께 살아 움직이는 도형을 알기 전에 시험을 준비하는 이론으로서의 도형의 넓이나 부피를 구하는 공식부터 외우기 때문에 도형이라면 먼저 어렵다는 생각부터 하는 것은 아닌가 싶다.

이제 수학도 학생들의 이해를 돕기 위해 스토리텔링으로 교육과정이 바뀌고 있는 만큼 수학사와 우리의 삶을 바꾼 수학 공식, 업적들이 어떻게 발전해왔는지를 확인해가며 도형을 살펴본다면 훨씬 쉽게 이해를 할 수 있을 것이다.

시중에 나가면 두 가지 종류의 수학책을 만날 수 있다. 쉽게 접근하기 위한 이야기 위주의 책과 문제 풀이를 위한 설명 위주의 책이다. 이 책은 이야기를 통해 쉽게 접근하면서 도형의 원리와 개념을 충실히 이해할 수 있도록 하면서 각 장마다 마지막 부분에는 예제를 통해서 문제 풀이에 어떻게 적용해야 하는지도 연습해볼 수 있도록 했다.

도형에 대한 내용은 고등수학에 나오는 도형의 방정식, 삼각함수, 벡터 단원에서도 만날 수 있다. 직접적으로 도형에 대한 내용이 아닌 듯이 보이는 미분, 적분, 극한, 수열 등에서도 도형의 개념을 알아야 풀 수 있는 응용문제들이 나오곤 한다. 도형의 가장 기본 내용을 충분히 이해하면 다양한 수학 분야뿐 아니라 과학, 미술, 음악, 체육, 건축학, 우주공학에 이르기까지 우리의 삶에 필요한 다양한 분야로 생각을 넓힐 수 있다.

따라서 이 책은 도형의 가장 기본이 되는 삼각형을 중심으로 다각형, 원, 입체도형의 성질과 도형의 넓이나 부피를 구하는 방법, 삼각비까지 설명해 도형을 시작하거나, 도형에 대한 이해가 좀 더 필요한 사람들의 이해를 돕고자 한다.

수학은 그려보고 눈으로 확인하는 방법, 즉 시각화했을 때 이해가 빠르기 때문에 《가장 쉬운 수학 도형》에서도 최대한 많은 그림과 도표를 이용했다. 그러니 다양하게 시각화한 도형이나 도표 사용방법도 함께 익힌다면 큰 도움이 될 것이라고 믿는다.

김용희

차례

원의 마법

공간감각을 키우는 입체도형

A
B
D
E
C
F

1장

세상을 구성하고 있는

기본 도형

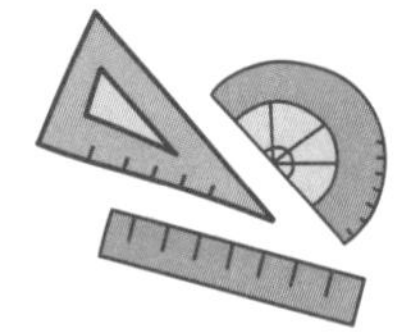

내 눈 앞에 있던 물체가 사라졌다 나타난다?

기억나는 영화 속 장면이 있다.

아이들이 장난으로 물건을 떨어뜨렸는데 바닥으로 떨어지기 전에 물건이 사라진다. 놀란 아이들이 주변을 두리번거릴 때 공중 어딘가에서 물건이 나타난다. 그리고 다시 사라진다. 그 뒤로도 물건은 계속해서 사라지고 나타나고를 반복한다. 다른 세상, 즉 다른 차원과 만나는 지점에 도달할 때마다 다른 차원으로 갔다가 다시 이 세상으로 오는 것을 반복한 것이다.

차원이 다르다는 건 무엇일까?

점을 하나 찍어보자. 이 점은 크기도 부피도 없이 그저 위치만 나타낸다. 이것을 0차원이라고 한다.

이 점이 일직선으로 움직이면 선이 된다. 길이만 가지는 이 선이 1차원이다. 그리고 1차원에서는 선을 따라 앞뒤로만 움직일 수 있다.

1차원의 선이 수직으로 무한하게 넓어지면 면이 된다. 넓이를 가지는 이 면이 2차원이다. 비행기 게임이나 모양 맞추기 게임을 떠올리면 이해가 쉽다. 앞뒤, 좌우로만 움직일 수 있는 세상이 바로 2차원이다.

2차원의 평면이 수직으로 무한하게 넓어지면 입체가 된다. 부피를 갖게 되는 이 입체를 우리는 3차원이라고 한다. 이제부턴 앞뒤, 좌우 그리고 위아래로도 움직일 수 있다. 이는 '아바타' 영화를 떠올리면 쉽게 이해될 것이다. 우리가 보고 있는 영화 중 평면으로 느껴지는 화면이 이차원 화면(2D), 입체적으로 느껴지는 화면이 3차원 화면(3D)이다.

4차원부터는 수학과 물리, 천문학 등 분야에 따라 차원에 대한 개념이 다른데 수학은 '공간'만을 다루며, 물리나 천문학 쪽에서는 '시간'까지 차원으로 넣는다.

여러분은 '저 사람은 4차원이야'란 말을 들어본 적이 있을 것이다. 여기서 4차원 역시 수학의 4차원을 말하는 것일까?

수학에서 4차원의 예로는 초입방체(하이퍼큐브)를 들 수 있다. 3차원의 입체를 수직으로 쭈욱 넓힌 것으로, 쉽게 상상하기는 어렵지만 앞의 차원에서 수직으로 공간을 확장시키는 개념으로 새로운 차원이 만들어진다는 것을 기억하면 된다.

물리나 천문학 쪽 4차원은 3차원의 공간에 1차원인 시간을 합친 4차원 시공간을 가리킨다. 우리가 사는 세상 역시 3차원 공간에 1차원 시간을 합친 4차원 시공간을 가리킨다. 하지만 일반적으로 말할 때는 공간만 이야기해서 3차원 세상에 살고 있다고 표현한다.

그런데 4차원부터는 시간만이 아니라 에너지와 지구에 작용하는 여러 가지 힘까지 모두 차원으로 계산하기 때문에 다양한 차원이 가능해진다. 가령 시간을 차원에 넣었을 경우 4차원 세상에서는 앞뒤, 좌우, 위아래로의 이동뿐 아니라 과거 현재 미래를 오가는 시간여행이 가능해진다.

이 외에도 이론 물리학자들의 초끈 이론은 11차원까지 확장시켰지만 수학적 계산만 가능한 이론으로, 증명되지는 않았다.

도형

바로 이 점, 선, 면을 가지고 만들어지는 모양을 우리는 도형이라고 한다. 그래서 점, 선, 면은 도형의 기본요소이다.

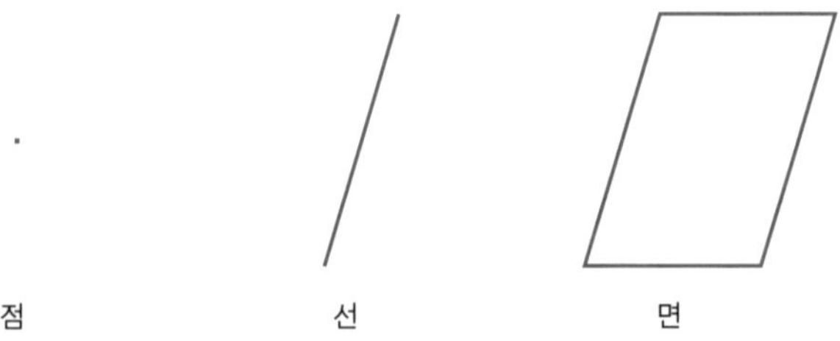

어떠한 사물이나 도형에 사용하는 용어의 뜻을 명확하게 정한 것을 정의라 하며 수학에서 정의는 수학자들끼리의 약속을 의미한다.

예를 들면 '이등변삼각형'의 뜻은 '두 변의 길이가 같은 삼각형'으로, 이것이 이등변삼각형의 정의가 된다. 또 점, 선, 면이 모여서 이차원 공간을 차지하는 도형을 만들면 그 도형을 평면도형이라고 부르고 삼차원 공간을 차지하는 도형을 만들면 입체도형이라고 부른다.

평면도형에는 여러 가지 종류가 있는데 변의 개수에 따라 삼각형, 사각형, 오각형 등으로 나뉘는 다각형과 곡선으로 이루어진 원, 부채꼴 등이 있다.

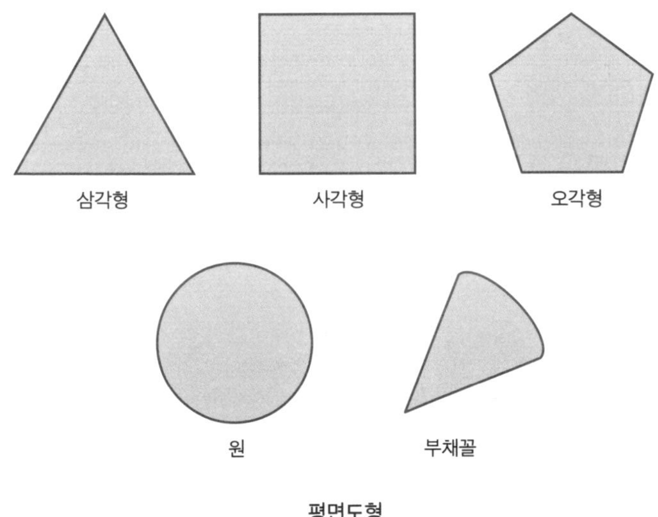

평면도형

평면도형 중에서 선분으로만 이루어진 도형을 다각형이라고 하고 그중에서 변의 길이와 각의 크기가 모두 같은 다각형을 정다각형이라 한다.

입체도형에는 면의 개수에 따라 사면체, 육면체 등 다면체와 평면도형이 축을 따라 회전한 회전체인 원기둥, 원뿔, 구 등이 있다. 물론 우리가 살고 있는 건물이나 자동차, 생활용품 등은 모두 입체도형을 응용하여 만든 것이다.

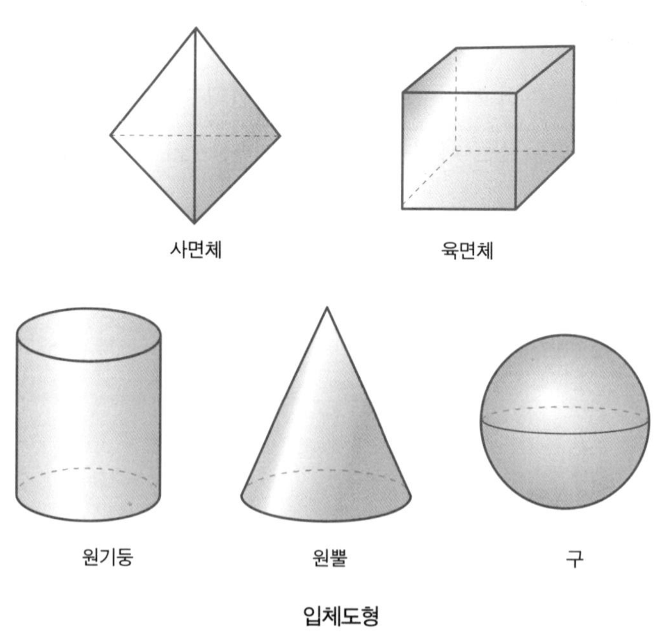

입체도형

각

도형의 또 다른 기본요소에는 각이 있다. 각이란 한 점에서 시작하는 두 개의 반직선이 이루는 도형을 말한다. 그림으로 나타내면 다음과 같다.

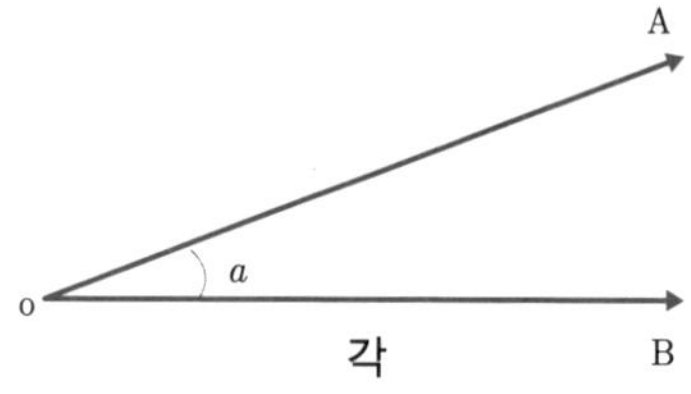

각

보통 ∠AOB라고 읽으며, ∠BOA, ∠O, ∠a로도 표현할 수 있다.

그렇다면 각은 어디에서부터 출발했을까?

반직선이 시작점에서 한 바퀴 돌아 제자리로 돌아오면 360°라 하는데 이것은 고대 바빌로니아 사람들이 정한 값이다. 태양을 신으로 받들 만큼 태양에 관심이 많았던 고대인들은 매일 태양의 움직임을 주의깊게 관찰해 태양이 시간에 따라 조금씩 자리를 이동한다는 것을 알아냈다. 또한 조금씩 움직인 태양이 처음 자리로 돌아오는데 360일이 걸리는 것을 보고 원의 각을 360°로 정했다. 즉 원의 각 360°에서 모든 각이 출발한 것이다.

이제 다양한 종류의 각에 대해 살펴보자. 각은 크기에 따라 예각, 직각, 둔각, 평각으로 분류한다.

그림으로 나타내면 다음과 같다.

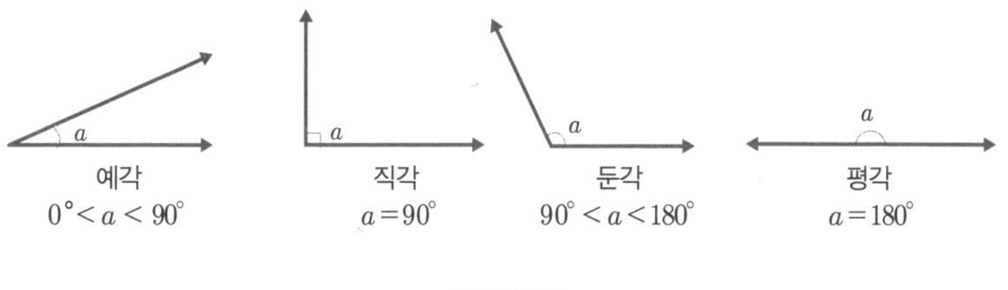

각의 종류

두 직선이 만날 때 생기는 각은 교각, 두 직선이 한 점에서 만날 때 생기는 여러 각 중에서 서로 마주 보는 각은 맞꼭지각이라고 한다. 따라서 오른쪽 그림에서 $\angle a$와 $\angle b$

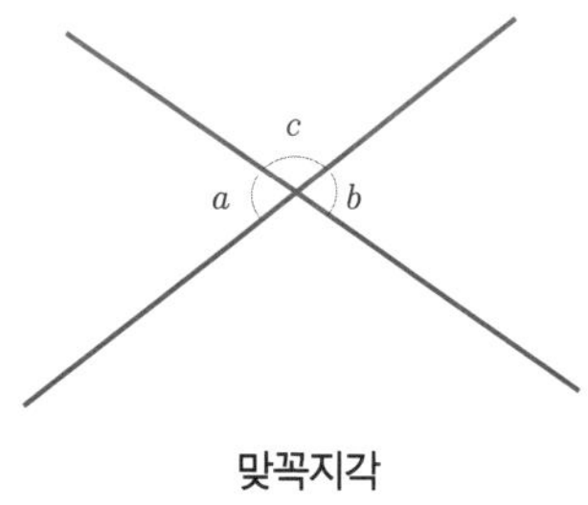

맞꼭지각

가 맞꼭지각이 된다.

이 맞꼭지각은 서로 크기가 같다고 알려져 있다. 그렇다면 정말 크기가 같을까? 맞꼭지각의 성질만 외우고 왜 그런지 생각해본 적이 없다면 이번 기회에 증명해보자.

우리는 평각의 크기가 180°라는 사실을 알고 있다.

따라서 $\angle a$와 $\angle c$를 더하면 평각이므로 180°이다. 계속해서 $\angle b$와 $\angle c$를 더하면? 물론 평각이므로 180°이다. 이에 따라 $\angle a$와 $\angle b$의 크기가 같다는 것을 알 수 있다. 이처럼 맞꼭지각의 서로 같은 크기에 대한 증명은 의외로 간단하고 쉽다. 각이 나오면 먼저 직각은 90°이고 평각은 180°라는 걸 떠올리기만 해도 답의 절반은 찾아낸 것이다!!

실력 Up을 통해 이제 여러분이 알고 있는 도형의 기본 성질을 활용해보자.

문제 1 다음 그림에서 ∠BOD의 크기를 구해보자.

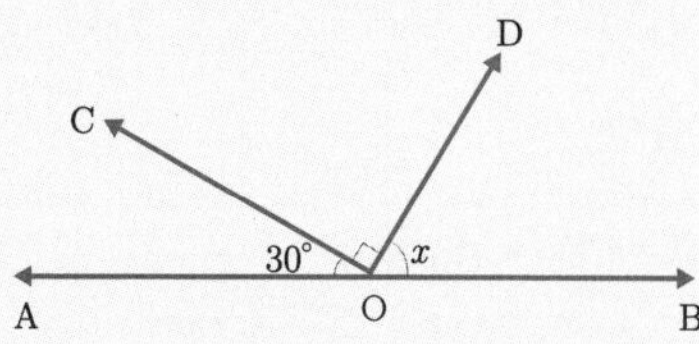

풀이 ∠AOB의 크기는 평각으로 180° 이다. 그리고 ∠COD가 직각 (90°)이므로 ∠AOC와 ∠BOD의 크기를 더한 값이 90° 이어야 한다.

그런데 ∠AOC가 30° 이므로 ∠BOD는 60° 이다.

답 ∠BOD=60°

문제 2 다음 그림에서 a의 값을 구하여라.

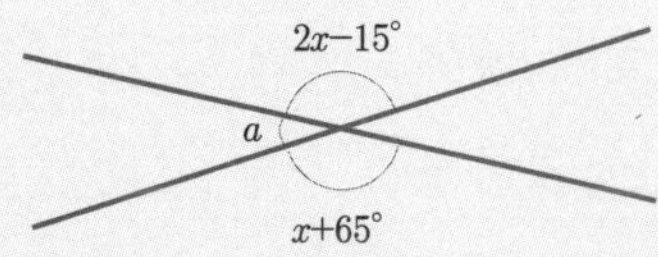

풀이 $a+x+65°$는 평각이므로 180° 이다. a의 값을 구하려면 x의 값을 먼저 알아야 한다. 그리고 맞꼭지각의 크기는 서로 같다.

따라서 $2x-15°=x+65°$ 이므로 $x=80°$ 이다.

x값을 식에 대입하면 $a+80°+65°=180°$ 이므로 $a=35°$ 이다.

답 $a=35°$

직선, 평면, 공간의 위치 관계

그렇다면 평면에서 두 직선의 위치 관계는 어떻게 될까? 한 점에서 만나는 경우가 있고 완전히 일치하는 경우도 있다. 또한 영원히 만나지 않는 평행의 관계도 있다.

그림으로 살펴보면 다음과 같다.

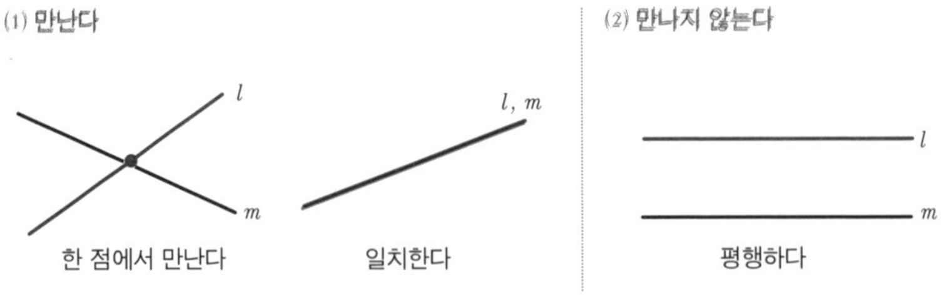

평면 위 두 직선의 위치 관계

(1)에서 두 직선의 교각이 직각일 때 두 직선을 직교 또는 수직관계라 하고 기호로 나타내면 ⊥이다. 이때 한 직선을 다른 직선의 수선이라고 하고 만약 이 수선이 선분의 중점을 지나면 그 직선을 수직이등분선이라고 한다.

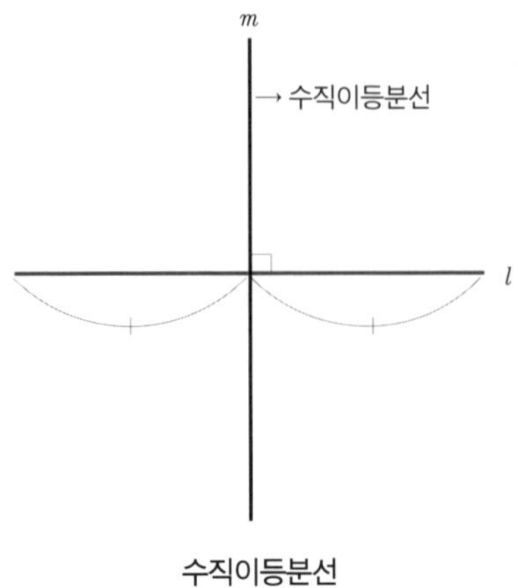

수직이등분선

따라서 문제에서 수직이등분선이라는 말이 나오면 직각과 수선으로 나누어진 선분의 두 길이가 같다는 것을 떠올리면 된다.

두 직선이 평행할 때 한 직선에서 다른 직선으로 수선을 그려보자.

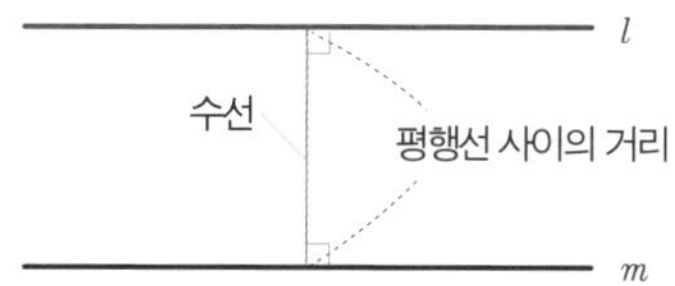

이 수선의 길이가 두 평행선 사이의 거리가 된다.

18쪽 (2)처럼 평면에서 두 직선이 영원히 만나지 않는 경우는 평행이고 //로 표시한다. 평면을 강조하는 이유는, 공간에서 두 직선이 만나지 않는 경우가 평행관계도 있지만 꼬인 위치도 있기 때문이다. 혹시 한번이라도 '엄마와 나는 영원한 평행선이야. 엄마는 날 이해 못해'라는 생각을 해봤다면 이는 평행이 아니라 꼬인 위치일 수 있다.

공간에서 두 직선의 위치관계를 그림으로 표현하면 다음과 같다.

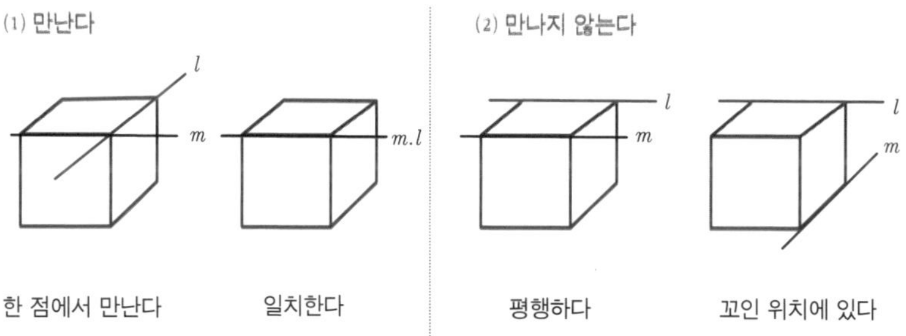

공간에서 두 직선의 위치 관계

공간에는 직선만 있는 게 아니라 평면도 있다. 그러면 평면과 직선, 평면과 평면의 위치 관계는 어떨까?

전봇대가 쭉 늘어선 모습을 그려볼까? 전봇대를 직선으로 보고 지면을 평면으로 보면 전봇대 기둥이 지면과 한 점에서 만나도록 쭉 쭉 그릴 수 있다. 반면에 전봇대의 전선은 지면과 만나지 않도록 그려야 한다. 건물을 그릴 때는 어떤가? 소실점을 따라서 선을 긋고 건물의 모양을 그릴 때 건물의 윗면과 옆면은 한 직선에서 만나게 그려야 한다. 윗면과 아랫면은 평행하게 아무리 선을 늘려도 서로 만나지 않게 그려야 한다. 이렇듯 공간에서 평면과 직선, 평면과 평면의 위치 관계는 만나는 경우가 있고 아예 만나지 않는 경우가 있다.

공간에서 평면과 직선의 위치 관계를 그림으로 표현하면 다음과 같다.

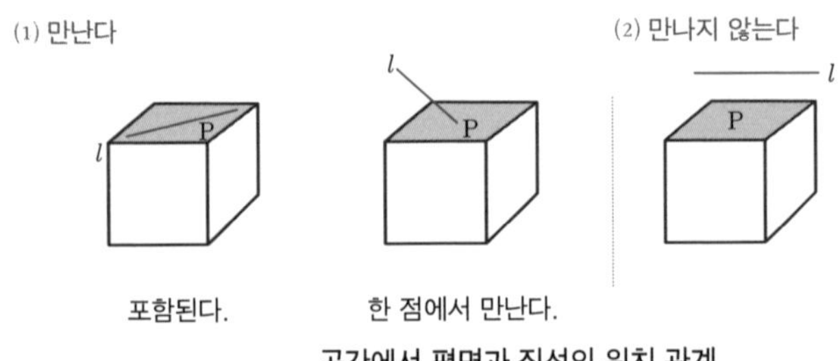

공간에서 평면과 직선의 위치 관계

공간에서 평면과 평면의 위치 관계를 그림으로 표현하면 다음과 같다.

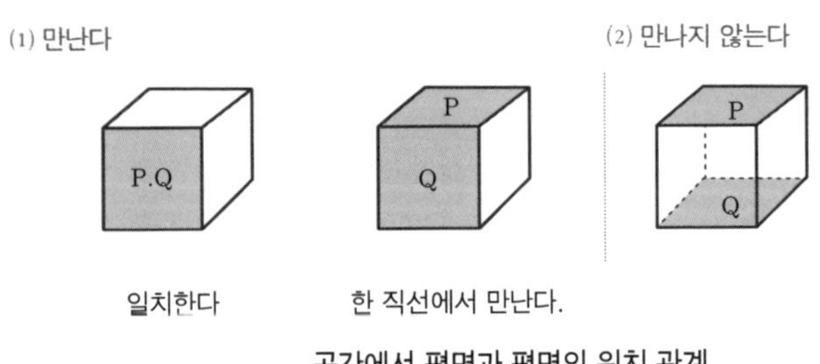

공간에서 평면과 평면의 위치 관계

동위각과 엇각

서로 다른 두 직선이 한 직선과 만날 때를 살펴보자.

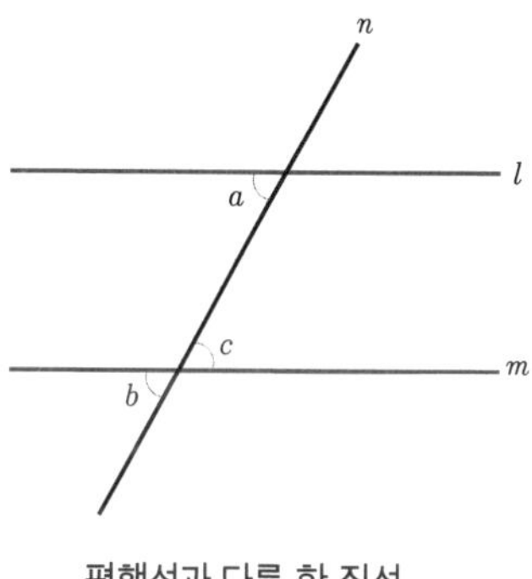

평행선과 다른 한 직선

이렇게 두 직선이 다른 한직선과 만나는 경우, 같은 위치에 있는 $\angle a$와 $\angle b$를 동위각, $\angle a$와 $\angle c$처럼 안쪽에서 서로 엇갈린 각을 엇각이라고 한다.

만약 두 직선이 평행한 상태에서 다른 한 직선과 만난다면 이때 동위각과 엇각의 크기는 같다. 이를 바꾸어 말하면, 동위각과 엇각의 크기가 같으면 두 직선은 평행하다고 볼 수 있다.

그렇다면 동위각과 엇각은 왜 같을까? 지금부터 확인해보자.

우선 그림을 살펴보자. 평행한 두 직선에 다른 한 직선이 지나고 있다. 평행선이므로 두 직선 사이의 거리는 어디에서나 같다. 이를 확인하기 위해 두 평행한 직선 사이에 수선을 그어보자.

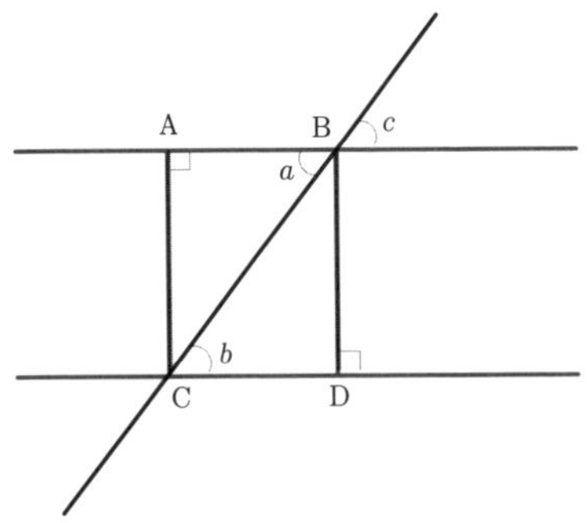

평행선에 수선을 두 개 내린다

평행선에 수선 두 개를 내리니 직사각형 ABCD가 생겼다. 이 사각형 ABCD를 두 개의 삼각형 ACB와 BCD로 나누어서 살펴보자.

먼저 우리가 알고 있는 사실을 정리해보면 $\overline{AB}$와 $\overline{CD}$의 길이가 서로 같고, $\overline{AC}$와 $\overline{BD}$가 같다. 대각선 BC는 공통인 변이므로 두 삼각형은 세 변의 길이가 서로 같다는 것을 알 수 있다.

계속해서 삼각형 ACB를 180° 회전해보자.

삼각형 BCD와 정확하게 일치한다. 즉 두 삼각형은 모양도 크기도 같은 삼각형이다. 따라서 $\angle a$와 $\angle b$는 크기가 서로 같다.

그렇다면 $\angle a$와 $\angle c$는 어떨까? 둘은 맞꼭지각이므로 역시 크기가 같다. 이에 따라 $\angle b$와 $\angle c$의 크기도 같다는 것을 알 수 있다.

이를 한 줄로 정리하면 $\angle a$와 $\angle b$는 서로 엇각이고 $\angle a$와 $\angle c$는 맞꼭지각이므로 맞꼭지각과 엇각은 서로 크기가 같다는 것을 확인할 수 있다.

지금부터 약 2200년 전 에라토스테네스는 지구의 크기를 수학으로 계산했다. 서로 평행하는 두 직선이 다른 한 직선과 만나는 경우에 생기는 각을 이용하여 지구의 크기를 확인한 것이다.

그는 어떤 방법을 이용해 지구의 크기를 측정했을까?

에라토스테네스는 매년 하짓날 정오에 햇빛이 시에네의 한 우물 밑바닥을 수직으로 비춘다는 사실을 관찰했다. 그리고 같은 시각 알렉산드리아에 있는 첨탑의 끝과 그 그림자의 끝이 약 7.2°를 이룬다는 것을 발견했다.

에라토스테네스는 지구가 완전히 둥근 모양이라고 믿었고 지구로 들어오는 햇빛은 어디서나 평행하다고 가정했다.

이를 바탕으로 시에네와 알렉산드리아 사이 거리가 약 925km인 사실을 더해 지구의 크기를 계산했다.

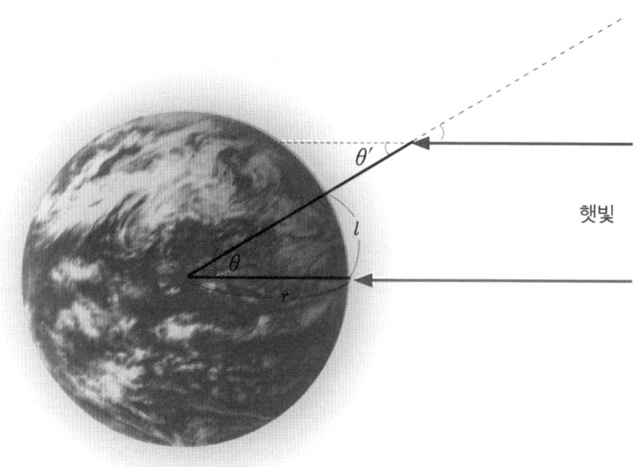

지구 크기 측정

이를 좀 더 자세히 살펴보자.

두 직선이 평행하면 θ와 θ'은 엇각으로 크기가 같다.

계속해서 이제 l과 지구의 둘레 사이의 관계를 알아보자.

호의 길이는 중심각의 크기에 비례하므로 비례식으로 나타내면 다음과 같다.

지구의 둘레를 x로 했을 때,

$$x : 360° = 925 : 7.2°$$

$$x \times 7.2° = 360° \times 925$$

$$\therefore x = 46250\text{km}$$

실제 지구의 둘레는 약 40010km로 에라토스테네스의 계산이 상당히 근사했음을 알 수 있다.

실제 지구와 에라토스테네스가 계산한 지구의 크기 사이에 오차가 난 이유는 지구가 완전한 구형이 아니며 시에네와 알렉산드리아가 같은 경도에 위치하지 않았기 때문이다. 또한 당시 거리단위였던 스타디아는 사람의 발걸음 수를 기준으로 매긴 값이었기 때문에 누가 걷느냐에 따라 조금씩 달랐다.

실력 Up

문제**1** 다음 그림에서 $l /\!/ m$일 때, $\angle x$의 크기를 구하여라

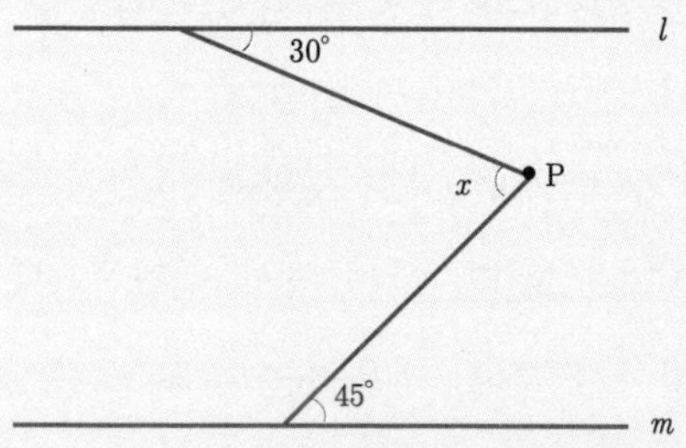

풀이 먼저 점 P를 지나면서 직선 l과 m에 평행인 직선을 긋는다. 그리고 엇각의 크기는 서로 같다는 성질을 이용한다.

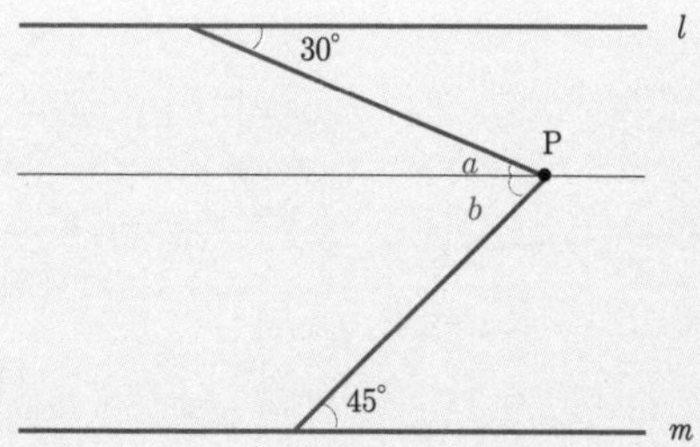

$\angle x$가 직선에 의해 둘로 나뉘었다. 위쪽 부분을 $\angle a$, 아래쪽 부분을 $\angle b$라고 하면,

$\angle a$는 직선 l과 엇각으로 크기가 같다. 따라서 30°이다.

$\angle b$는 직선 m과 엇각으로 크기가 같다. 따라서 45°이다.

답 $\angle x = \angle a + \angle b = 75^\circ$

합동과 닮음

무엇이 무엇이 똑같은가 ♬

젓가락 두 짝이 똑같아요. ♪

이렇게 젓가락 두 짝처럼 서로 모양과 크기가 같은 두 도형 사이의 관계를 합동이라고 한다. 이는 다시 말해 두 도형이 합동이려면 대응하는 변의 길이가 같고, 대응하는 각의 크기 역시 같아야 한다. 즉 두 도형을 겹쳤을 때 완전히 꼭 맞아야 합동이 된다.

다음 두 삼각형을 살펴보자.

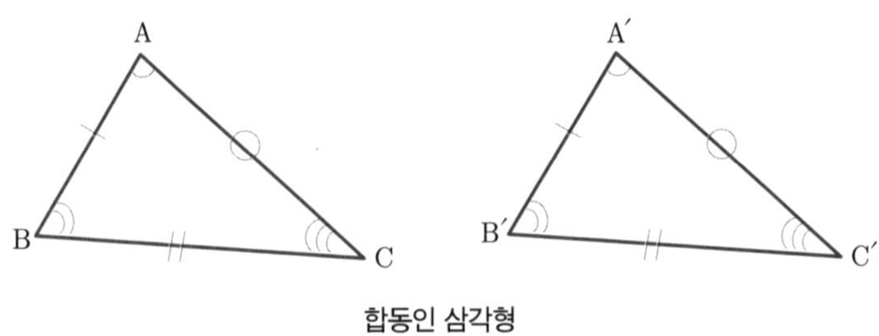

합동인 삼각형

△ABC를 옮겨서 △A′B′C′와 포개면 두 삼각형이 꼭 맞는다.

두 삼각형을 통해서 우리가 알 수 있는 사실로는 어떤 것이 있을까?

① 세 변의 길이가 같다(SSS합동). [S=변, A=각]

② 두 변의 길이가 같고 그 사이에 끼인 각의 크기도 같다 (SAS 합동).

③ 한 변의 길이가 같고 그 변의 양 끝각의 크기도 같다 (ASA 합동).

이 세 가지가 삼각형의 합동조건이다.

그렇다면 만약 대응하는 각의 크기만 같다면 두 도형을 합동이라고 할 수 있을까?

네모난 필통과 노트북을 떠올려보자.

둘 다 사각형 모양이다. 물론 네 각의 크기도 서로 같다.

어떤가, 합동이라고 느껴지는가?

합동은 아니지만 모양이 닮았다는 것은 알 수 있다. 이처럼 대응하는 각의 크기가 같을 경우 두 도형은 닮은 도형이 된다. 그리고 이 관계를 두 도형의 닮음이라고 한다.

기원전 600년 경 그리스의 수학자 탈레스는 이 닮음을 이용하여 이집트의 피라미드 높이를 계산했다. 아무것도 없던 시절, 단지 손에 들고 있던 지팡이(막대) 하나로 피라미드의 높이를 구해낸 그의 천재성에 구경하던 이집트의 파라오와 사람들은 깜짝 놀랐다.

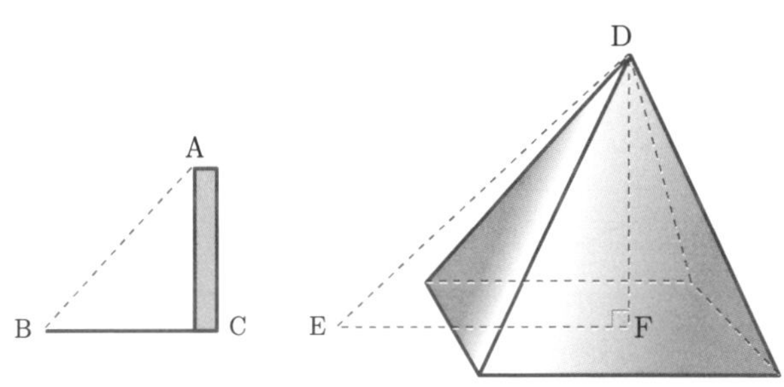

$$\overline{AC} : \overline{BC} = \overline{DF} : \overline{EF}$$

막대와 피라미드 그림자를 이용한 높이 측정

그가 사용한 방법은 다음과 같다.

먼저 막대의 그림자 길이와 막대의 높이 그리고 피라미드의 그림자 길이를 잰다. 계속해서 막대의 그림자 길이와 막대의 높이 사이의 비율을 계산한다. 이 비율로 피라미드의 그림자 길이를 이용해 피라미드의 높이를 계산한다.

그가 사용한 방법을 응용해 우리 집의 높이를 재어 보는 것도 재미있을 것이다. 이때 필요한 물품 역시 막대자 하나면 된다.

두 도형이 닮음의 관계에 있을 때 대응하는 각 변의 길이 사이에 비례관계가 성립한다는 것을 이제 여러분은 확실히 이해했을 것이다.

이 닮음비를 이용하면 태양의 크기도 구할 수 있다.

종이에 바늘로 구멍을 뚫어 태양 빛을 통과시켜보자. 이때 우리 눈 속의 수정체가 볼록렌즈 역할을 하기 때문에 눈을 다칠 수도 있으니 태양 빛을 눈으로 직접 보지 않도록 주의해야 한다.

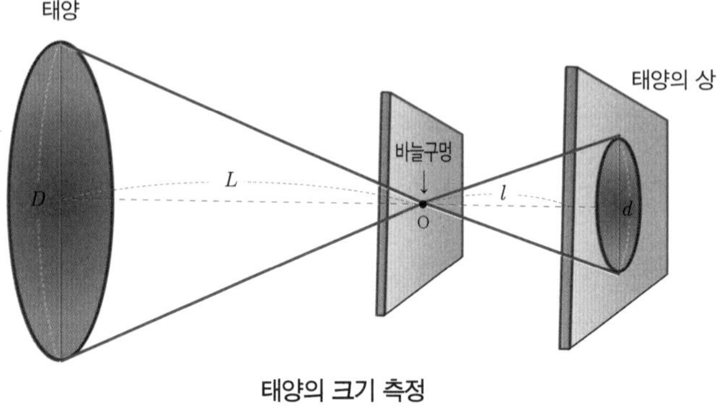

태양의 크기 측정

바늘구멍으로 들어온 빛이 종이 위에 상을 맺도록 위치를 잘 조정하면 위 그림처럼 바늘구멍 O를 중심으로 양쪽에 삼각형 두 개가 위치한다. 이는 O를 맞꼭지각으로 하는 닮은꼴 삼각형이다.

태양의 지름을 D, 종이에 나타난 태양의 상의 지름을 d, 지구에서 태양까지의 거리를 L, 바늘구멍에서 태양의 상까지의 거리를 l이라 하자.

자, 두 삼각형은 닮은꼴이므로 비례식을 세우면 다음과 같다.

$$D:d=L:l$$

$$\therefore D=d\frac{L}{l}$$

여러분은 방금 닮음비를 이용해 태양의 크기를 구한 것이다.

태양의 크기만 아니라 달의 크기도 닮음비로 구할 수 있다. 지도를 나타낼 때 사용하는 축척도 이런 원리라 할 수 있다. 미니어처를 모으고 있다면 그 미니어처를 자세히 살펴보자. 그럼 미니어처 역시 닮음비를 이용하여 만든 것임을 깨닫게 될 것이다.

대칭

도형을 상하좌우로 뒤집거나 돌렸을 때 완전히 겹쳐져서 합동인 도형을 대칭도형이라고 한다.

거울을 통해 보는 것처럼 한 직선으로 접었을 때 두 도형이 완전히 겹쳐지면 그 도형을 선대칭도형이라고 한다. 이때 기준선을 대칭축이라 한다.

선대칭도형은 대응변의 길이와 대응각의 크기가 같고 대칭축에서 대응점까지의 거리도 같지만 방향은 반대이다.

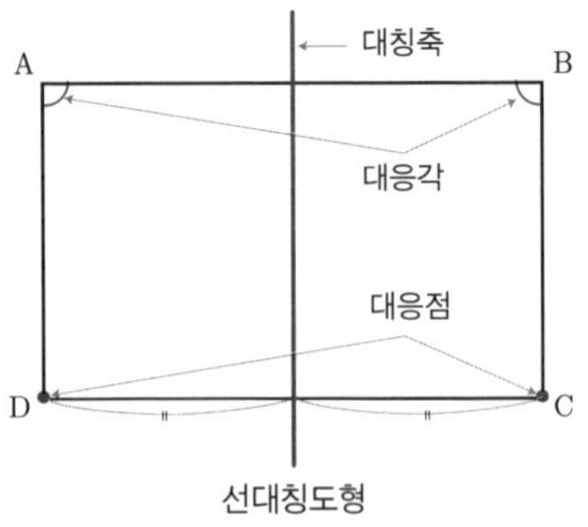

선대칭도형

한 점을 중심으로 180° 돌렸을 때 처음 도형과 딱 겹쳐지는 도형을 점대칭도형이라 한다. 이때 한 점을 대칭의 중심이라 한다.

점대칭도형은 대응점끼리 이은 선분이 반드시 대칭의 중심을 지나고 대칭의 중심에서 대응점까지의 거리가 같다.

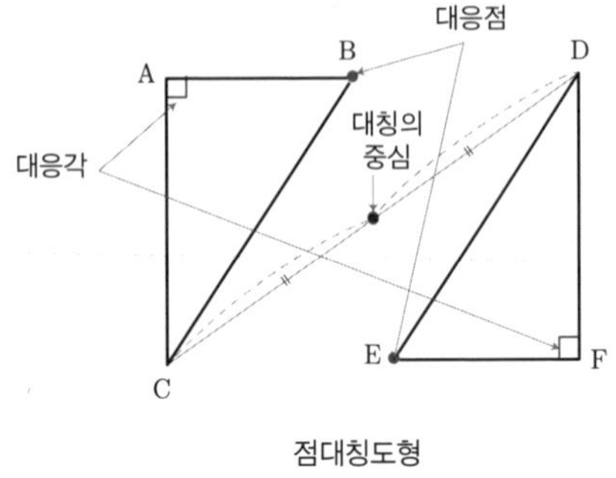

점대칭도형

접은 선을 기준으로 양쪽 모양이 똑같은 데칼코마니는 선대칭의 일종이고 태극무늬는 점대칭의 일종이다.

바닥 타일이나 전통문양을 보면 점대칭도형이거나 선대칭도형을 이용한 것을 알 수 있다.

전통문양　　타일

타일　　타일

실력 Up

문제 1 다음 △ABC는 정삼각형이다. $\overline{BD}=\overline{AF}=\overline{EC}$일 때 ∠DEF의 크기를 구하여라.

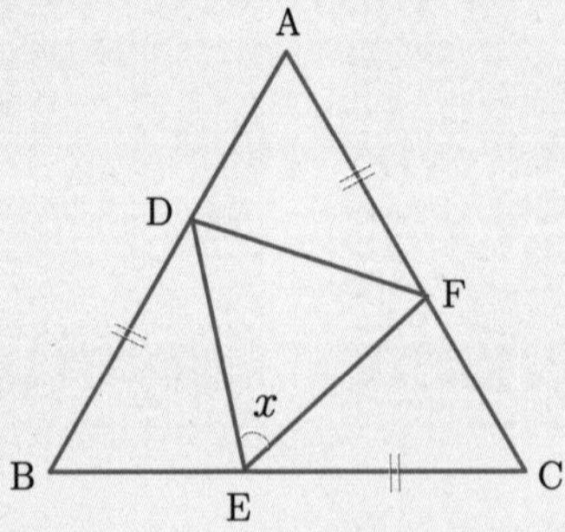

풀이 정삼각형은 세 변의 길이가 같은 삼각형이다.

즉 $\overline{AB}=\overline{BC}=\overline{AC}$이다. 따라서 세 각의 크기는 각각 60°이다.

또 $\overline{BD}=\overline{AF}=\overline{EC}$ 이므로 $\overline{AD}=\overline{FC}=\overline{BE}$이다.

∠A=∠B=∠C=60° 이므로 △ADF≡△BED≡△CFE

(SAS합동)

이에 따라 $\overline{DE}=\overline{DF}=\overline{EF}$이므로 △DEF는 정삼각형이다.

답 ∠DEF= 60°

문제 2 다음 그림에서 $l // m$일 때,

∠d의 크기를 구하여라.

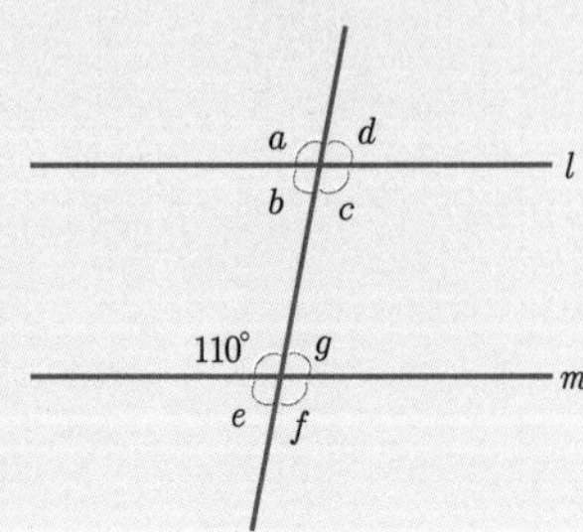

풀이 $l /\!/ m$이면 $\angle b$와 $\angle d$와 $\angle e$와 $\angle g$는 동위각으로 크기가 같다.

$\angle a$의 크기는 110°와 동위각이므로 110°이다.

$\angle a + \angle d = 180^\circ$이므로 $\angle d = 180^\circ - 110^\circ = 70^\circ$이다.

답 $\angle d = 70^\circ$

문제 3 다음 그림은 직사각형 모양의 종이를 접은 것이다.

$\angle \mathrm{ACB} = 40^\circ$일 때 $\angle x$의 크기를 구하여라

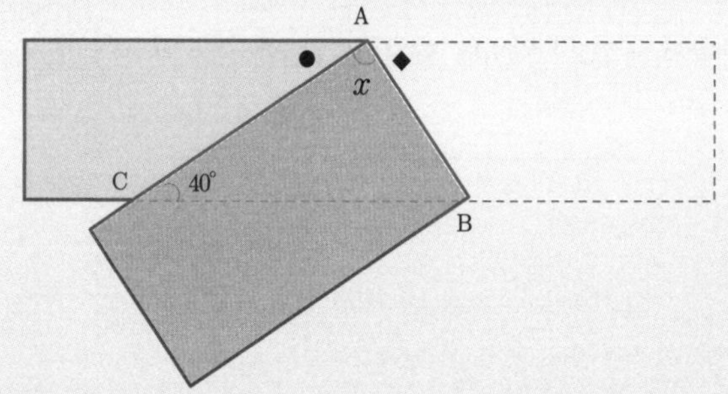

풀이 그림의 평각 A를 셋으로 나누어 왼쪽 부분을 ●, 중앙 부분은 x, 오른쪽 부분을 ◆라 하면 ●$+x+$◆$=$ 180°이다. $\angle \mathrm{ACB} = 40^\circ$이면 ●의 크기도 엇각으로 40°이다. x와 ◆는 접히면서 겹친 부분이므로 크기가 같다. 즉 ●$+x+$◆$=$●$+2x$ $=180^\circ$, 따라서 $2x = 140^\circ$, 즉 $x = 70^\circ$이다.

답 $x = 70^\circ$

실력 Up

문제4 다음 그림에서 $l /\!/ m$일 때, $\angle x$의 크기를 구하여라.

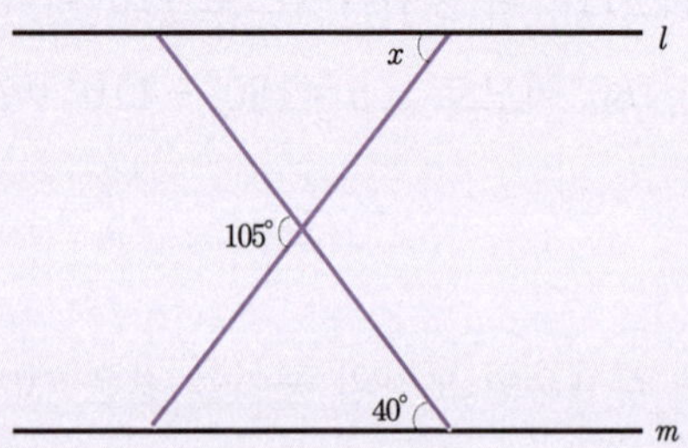

풀이 먼저 주어진 105° 와 40° 와 관련된 각 $\angle a$와 $\angle b$를 표시한다.

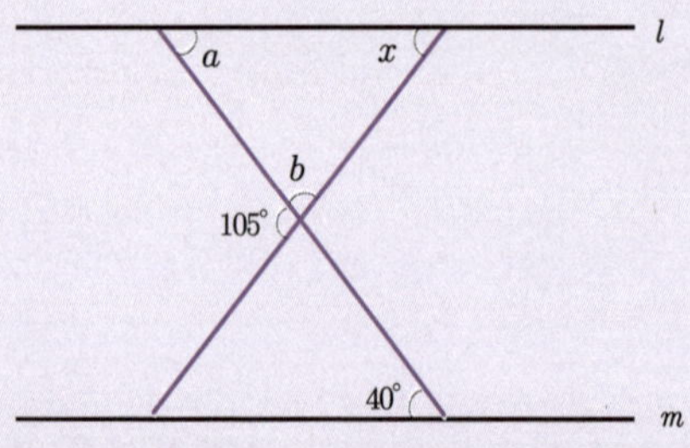

$\angle b$는 $180° - 105°$이므로 75° 이다.

$\angle a$는 엇각이므로 40° 이다.

$\angle x$는 $\angle a$와 $\angle b$와 함께 삼각형을 이루므로 삼각형 내각의 합은 180° 라는 것을 이용하면,

$\angle x + \angle a + \angle b = \angle x + 40° + 75° = 180°$

답 $\angle x = 65°$

문제 5 다음 그림에서 $\angle AED = \angle ACB$일 때, $\overline{DC}$의 길이를 구하여라.

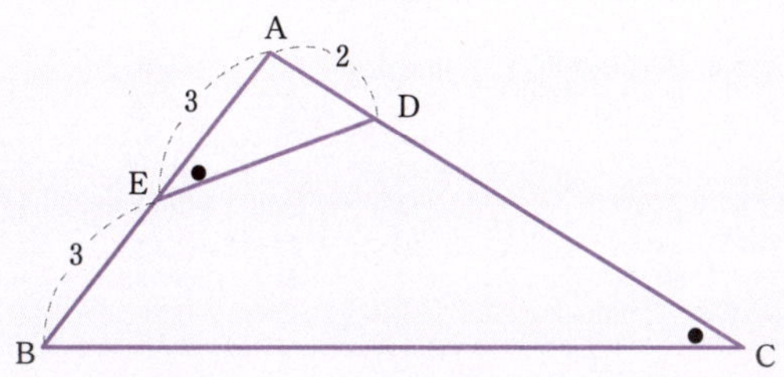

풀이 $\angle AED = \angle ACB$이고 $\angle A$는 공용이므로

$\triangle AED \backsim \triangle ACB$(AA닮음)

닮음 삼각형끼리는 닮음비가 일정하므로

$\overline{AD} : \overline{AE} = \overline{AB} : \overline{AC}$

$2 : 3 = 6 : \overline{AC}$

따라서 $\overline{AC} = 9$

$\overline{DC} = \overline{AC} - \overline{AD}$

$= 9 - 2$

$= 7$

답 $\overline{DC} = 7$

2장

신기한

다각형의 세계

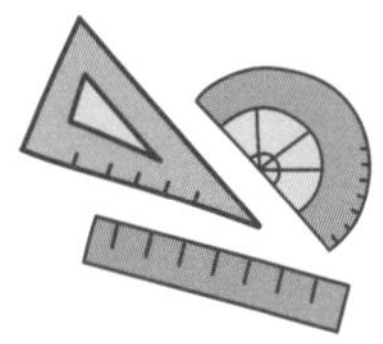

이집트의 피라미드를 보면 그 크기와 정교함에 놀라게 된다. 그걸 가능하게 만든 이집트인들의 수학 지식은 어떻게 얻게 되었을까?

이집트의 수학은 신의 선물이라고 불리던 나일강 덕분에 발달했다. 해마다 나일강은 상류의 기름진 흙을 쓸어와 하류의 토양을 풍성하게 해주었기 때문이다. 이집트는 태양신 라의 아들인 파라오가 다스리는 나라로, 이집트의 백성들은 파라오가 나누어준 땅을 경작해서 생활했다. 따라서 추수가 끝나면 토지 면적에 따라 파라오에게 세금을 냈다. 그런데 이 나일강은 강의 범람을 통해 기름진 흙을 선물함과 동시에 토지의 지형을 바꾸어 새롭게 생성되거나 사라지는 면적도 만들어냈다. 그래서 홍수가 지나고 나면 표시해두었던 토지들의 경계선이 대부분 사라지고 없었다.

세금을 걷기 위해서는 그 토지들을 제대로 관리해야 했던 파라오에게는 골치 아픈 일이 아닐 수 없었다. 때문에 관리들은 토지를 다시 측량하고 넓이를 계산하는 방법을 항상 고민할 수밖에 없었다.

그 결과 여러 가지 도형의 넓이를 구하는 방법이 개발되었다. 이런 역사적 배경을 바탕으로 이집트의 수학은 비약적으로 발전해 피라미드를 짓거나 신전, 건축물을 짓는데 필요한 생활형 계산법이 활성화되었다.

다각형의 성질

다각형은 여러 개의 선분만으로 이루어진 평면도형을 말한다. 다각형을 이루는 선분을 변, 변과 변이 만나는 점을 꼭짓점이라고 하며 변의 개수에 따라 삼각형, 사각형 등으로 부른다. 그중에서 변의 길이와 각의 크기가 같은 다각형이 정다각형이다.

다각형에서 이웃하는 두 변으로 이루어진 안쪽 각을 내각, 각 변의 연장선이 이웃하는 변과 이루는 각을 외각이라고 하며 이웃하지 않은 두 꼭짓점을 이은 선분이 대각선이다.

한 변이나 한 각과 마주 대하고 있는 변은 대변, 마주 대하고 있는 각은 대각이라고 한다.

이제 삼각형을 이용해 내각과 외각에 대하여 알아보자.

먼저 삼각형의 세 내각의 합을 구해보자.

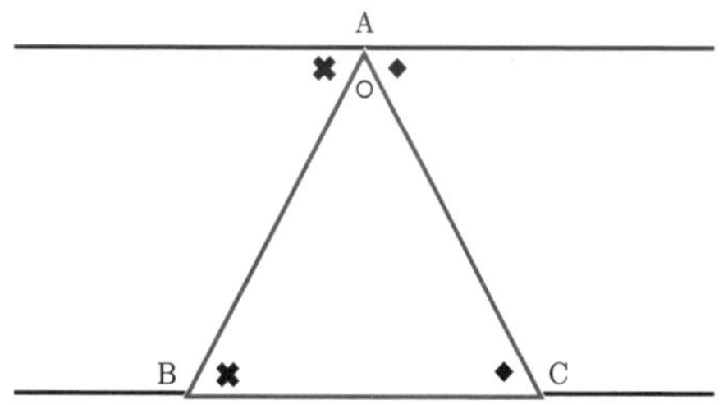

그림처럼 평행한 두 직선 사이에 삼각형이 위치할 때 엇각은 크기가 같다는 성질을 이용하면 삼각형의 세 내각의 합이 180°인 것을 알 수 있다. 이를 직접 확인하고 싶다면 종이에 삼각형을 그리고 세 조각으로 찢어서 세 각을 모아보거나 아니면 삼각형을 접어서 세 각을 모아보면 된다.

계속해서 삼각형의 내각과 외각의 관계를 알아보자.

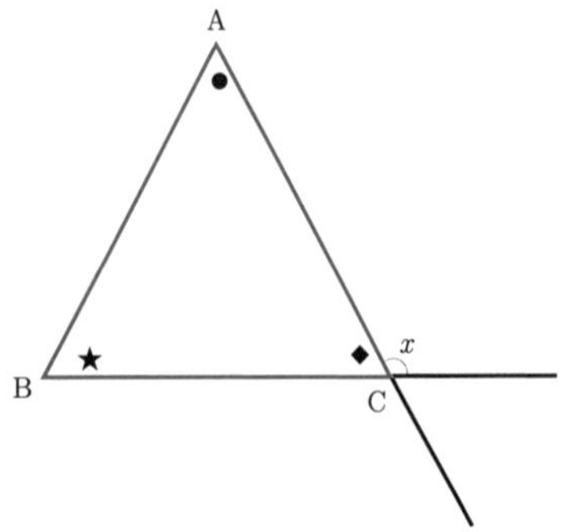

그림에서 $\angle x$는 ◆의 외각으로, $\angle x+$◆는 180°(평각)이다. 그런데 삼각형의 세 내각의 합 역시 180°이므로 $\angle x=$●$+$★인 것, 즉 삼각형의 한 외각의 크기는 그와 이웃하지 않은 두 내각의 크기의 합과 같음을 확인할 수 있다.

그렇다면 다각형 내각의 크기의 합은 어떻게 구할 수 있을까?

가장 간단하며 쉬운 방법은 대각선을 그어보는 것이다. 그렇게 함으로써 모든 다각형은 여러 개의 삼각형으로 나누어진다는 사실을 알 수 있다. 이 나누어진 삼각형의 개수를 구한 후 거기에 삼각형의 세 내각의 합인 180°를 곱해주면 그 다각형의 내각의 합이 된다.

다각형의 대각선 개수는 그 다각형의 꼭짓점 수와 한 꼭짓점에서 그을 수 있는 대각선의 개수를 곱한 후 2로 나눈 값이다.

$$n\text{각형 대각선 개수} = \frac{n(n-3)}{2}\text{(개)}$$

다각형 내각의 크기의 합을 간단히 나타내면 다음과 같다.

$$n\text{각형 내각의 크기의 합} = (n-2) \times 180^\circ$$

이 식을 이용하여 정다각형의 한 내각의 크기도 구할 수 있다.

$$\text{정}n\text{각형의 한 내각의 크기} = \frac{(n-2)\times 180^\circ}{n}$$

이 사실만 기억해두면 쉽게 어떤 도형이든 내각과 외각의 합을 구할 수 있다. 이제 실제로 오각형 내각의 합을 구해보자.

오각형에 대각선을 그으면 세 개의 삼각형으로 나누어진다.

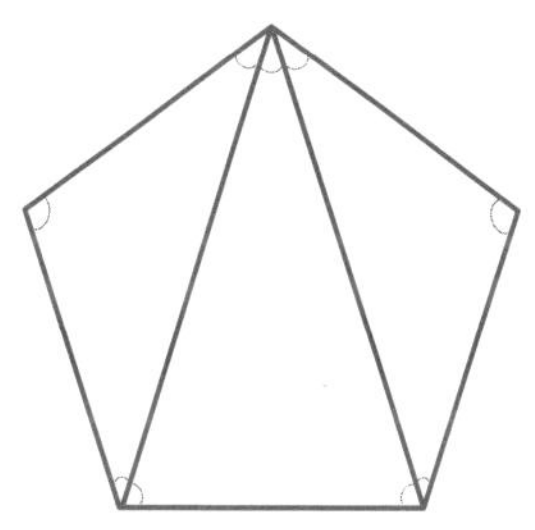

따라서 오각형 내각의 크기의 합은 $180^\circ \times 3 = 540^\circ$ 이다.

계속해서 외각의 크기의 합은 얼마일까?

정삼각형과 정육각형을 이용하여 외각의 크기의 합을 구해보자.

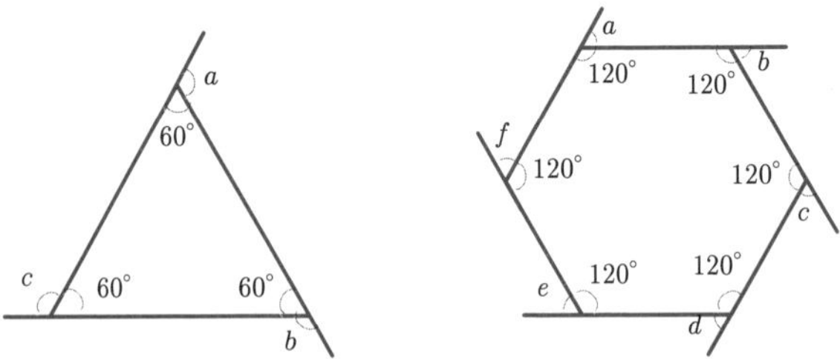

정삼각형의 각 꼭짓점마다 있는 내각과 외각의 합은 180°이다. 따라서 $\angle a=180°-60°=120°$으로, $\angle b$와 $\angle c$도 120°이다. 이에 따라 세 외각의 합은 360°이다.

다른 방법으로 보면 꼭짓점이 세 개이므로 모든 내각과 외각의 합은 $180°\times3=540°$이다. 여기서 세 내각의 합인 180°를 빼면 360°가 된다.

마찬가지로 정육각형의 각 꼭짓점마다 있는 내각과 외각의 합은 180°이므로 $\angle a=180°-120°=60°$이다.

따라서 $\angle b$와 $\angle c$, $\angle d$와 $\angle e$, $\angle f$도 60°씩이므로 여섯 외각의 합은 360°이다.

다른 다각형들의 외각의 크기의 합도 이런 방법으로 구할 수 있다. 그런데 놀랍게도 다각형의 외각의 크기의 합은 모두 360°이다.

그러니 정다각형의 외각의 크기는 쉽게 구할 수 있다. 정다각형의 내각의 크기가 모두 같으니 외각의 크기도 모두 같다. 정다각형의 한 외각의 크기는 외각의 크기의 합인 360°를 각의 수로 나누면 된다.

정n각형의 한 외각의 크기$=\dfrac{360°}{n}$

1 삼각형

실생활에서 삼각형과 관련된 건축물이나 장난감, 그 외 용품들은 많이 보이지 않는다. 그럼에도 우리는 삼각형을 가장 먼저 공부하게 된다.

플라톤은 '직선으로 둘러싸인 면은 모두 삼각형으로 나눌 수 있으므로 삼각형은 가장 기본적인 도형이다'라고 말했다. 굳이 그 말을 모르더라도 앞에서 다각형을 삼각형으로 나누어 내각의 합을 구한 것을 떠올려보면 삼각형의 중요성을 이해할 수 있다. 삼각형은 도형에서 기본이 되는 도형이기 때문에 삼각형에 대해서 알면 다른 도형들에 대해서도 쉽게 이해할 수 있는 것이다.

여러 가지 삼각형

흔히 세 변으로 이루어진 도형을 삼각형이라고 한다. 하지만 세 변을 가졌다는 것만으로 삼각형을 그릴 수는 없다. 고대 수학자들은 눈금 없는 자와 컴퍼스만으로 도형을 그리는 작도를 했다. 그들은 이 작도를 통해 도형의 여러 가지 성질도 파악할 수 있었고, 눈금 없는 자와 컴퍼스만으로 그리기를 고집했기 때문에 오히려 더 많은 것들을 알아낼 수 있었다. 그런 만큼 여러분도 이제 직접 작도를 해보자. 그런데 작도를 하기 전에 먼저 알아야 할 것이 있다.

작도를 통해 삼각형을 그리기 위해서는 필요한 조건이 있는데 이

것을 삼각형의 결정조건이라고 한다.

① 세 변의 길이가 주어질 때－물론 두 변의 길이의 합이 나머지 한 변의 길이보다 커야 한다는 조건이 따른다.
② 두 변의 길이와 그 사이에 끼인 각의 크기를 알 때
③ 한 변의 길이와 그 양 끝각의 크기를 알 때

이때 우리는 삼각형을 그릴 수 있다. 이렇게 삼각형을 그리다 보면 여러 가지 삼각형이 나온다. 먼저 각의 크기로 구분하면 세 각이 모두 90° 보다 작은 예각삼각형, 한 각이 90° 인 직각삼각형, 한 각이 90° 보다 큰 둔각삼각형이 있다.

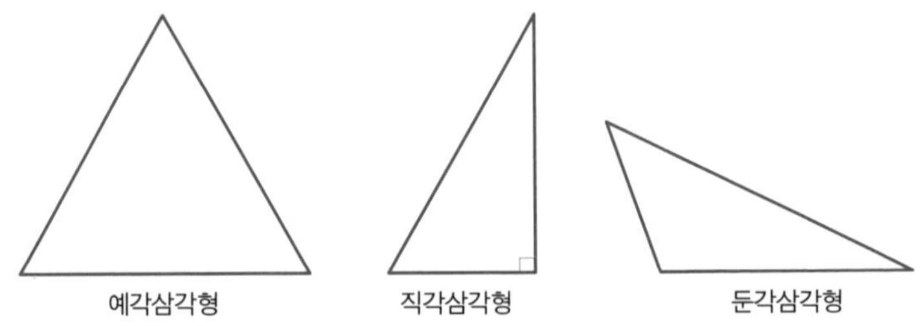

또 변의 길이 관계로 보면 두 변의 길이가 같은 이등변삼각형과 세 변의 길이가 같은 정삼각형이 있다.

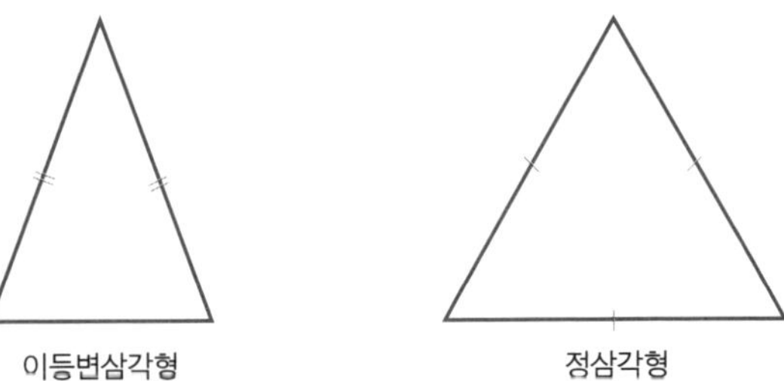

지금부터 이등변삼각형과 직각삼각형을 통해 삼각형의 성질을 알아보자.

삼각형의 성질

여러 가지 삼각형 중 먼저 이등변삼각형을 살펴보자.

이등변삼각형은 두 변의 길이가 같은 삼각형이다.

이제 직접 노트에 이등변삼각형 ABC를 그리고 꼭지각 A를 이등분하는 선을 그어 대변과 만나는 점을 D로 놓는다.

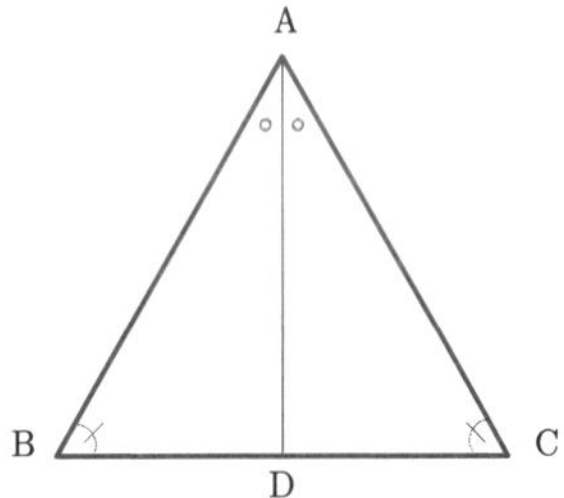

이를 통해 △ABD와 △ACD라는 두 개의 삼각형이 생겼다.

이 두 삼각형 사이에는 어떤 관계가 있을까? 먼저 △ABC가 이등변삼각형이므로 양 빗변인 $\overline{AB}=\overline{AC}$이다. 또 꼭지각을 이등분하였으므로 ∠BAD=∠CAD이며, 이등분선인 $\overline{AD}$는 공통변이므로 길이가 같다.

그러므로 두 삼각형은 합동(*SAS*합동)이다.

이를 통해서 알 수 있는 사실은,

① $\angle$ABD와 $\angle$ACD의 크기가 같다.

–즉 이등변삼각형은 두 밑각의 크기가 같음을 알 수 있다.

② $\angle$ADB와 $\angle$ADC의 크기도 같다.

– $\angle$ADB와 $\angle$ADC의 합은 180°이므로 $\angle$ADB와 $\angle$ADC의 크기는 각각 90°이다.

③ $\overline{BD}$와 $\overline{CD}$의 길이가 같다.

따라서 이등변삼각형의 꼭지각을 이등분하는 선은 대변을 수직이등분한다는 것을 알 수 있다.

이를 거꾸로 생각하면 두 밑각의 크기가 같은 삼각형은 이등변삼각형인걸까?

이제부터 이 명제가 참인지 한번 증명해보자.

증명이란 이미 알고 있는 옳은 사실이나 밝혀진 성질들을 이용하여 주어진 문장이 참임을 보이는 것이다. 이때 주어진 문장은 참인지 거짓인지 분별할 수 있어야 하는데 이러한 문장이나 식을 명제라고 한다.

위의 문장을 다시 명제로 쓰면,

'삼각형에서 두 밑각의 크기가 같으면 이등변삼각형이다'가 된다.

여기에서 두 밑각의 크기가 같다는 것은 가정이고 이등변삼각형은 결론이다.

이 증명된 명제 중에서 기본이 되는 명제가 바로 정리이다.

그럼 이제 주어진 명제를 증명해보자.

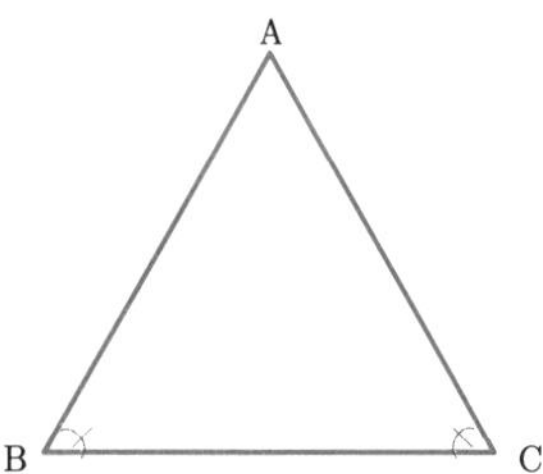

가정 $\triangle ABC$에서 $\angle B = \angle C$이면

결론 $\overline{AB} = \overline{AC}$이다.

증명 $\triangle ABC$의 $\angle A$를 이등분하면서 $\overline{BC}$와 만나는 선을 긋는다. 이때 만나는 점을 D라고 한다.

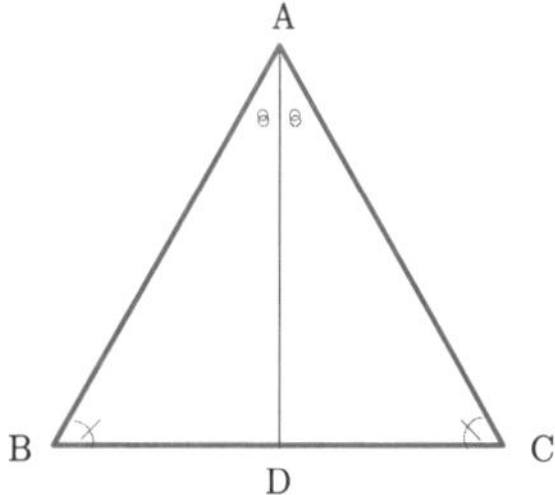

$\triangle ABD$와 $\triangle ACD$를 보면

$\angle B = \angle C$ (가정) …①

$\angle BAD = \angle CAD$ ($\angle A$를 이등분하였으므로) …②

그런데 삼각형의 세 내각의 합은 180°이므로 ①, ②를 통해서

$$\begin{aligned}\angle ADB &= 180^\circ - \angle BAD - \angle B \\ &= 180^\circ - \angle CAD - \angle C \\ &= \angle ADC\end{aligned}$$

따라서 $\angle ADB = \angle ADC = 90^\circ$

그리고 $\overline{AD}$는 공통인 변이므로,

$$\triangle ABD \equiv \triangle ACD \text{ (ASA합동)}$$

$$\therefore \overline{AB} = \overline{AC}$$

이등변삼각형

정의 두 변의 길이가 같은 삼각형

성질 두 밑각의 크기가 서로 같다.

꼭지각의 이등분선은 밑변을 수직이등분한다.

빛의 반사법칙

놀이동산에서 거울의 집에 가본 적이 있는가? 그곳에는 빛의 반사를 이용해 거울에 비친 내 모습이 크고 작고 기괴하고 뚱뚱해 보이도록 해놓아 다양한 모습의 나를 볼 수 있다.

그런데 친구나 가족과 놀러갔다면 좀더 재미있고 신기한 실험을 해보자. 친구들 다섯 명이 거울면에 평행하게 같은 거리만큼 떨어져서 나란히 서보자.

내가 B의 위치에 서 있다면 이때 내가 볼 수 있는 친구는 누구일까?

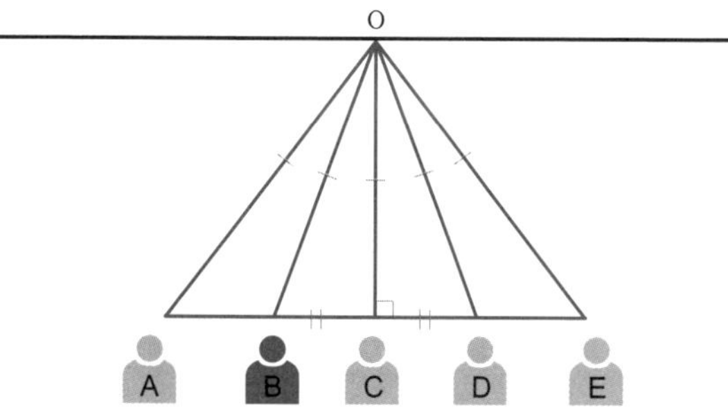

친구들이 선 위치를 선으로 쭉 그으면 삼각형이 여러 개 그려진다. 이 중에서 △BOD를 살펴보자. △BOC≡△DOC(SAS합동)이므로 △BOD는 이등변삼각형이다. 즉 ∠BOC=∠DOC인 것이다. 이에 따라 D를 지난 빛이 거울면에서 반사되어 B의 눈으로 들어온다. 즉 B는 D를 볼 수 있다.

이는 빛의 성질 때문이다. 빛은 직진하는 성질이 있고 다른 물체와 부딪치면 반사되거나 꺾이는 성질을 가지고 있다.

콘서트 현장에서 쏟아지는 레이저의 모습을 관찰하면 빛이 직진한다는 것을 확인할 수 있다. 그리고 거울은 이 빛의 반사를 이용해 물체가 보이는 원리이다. 즉 빛은 거울면에 닿으면 반사되는데 이때 입사각과 반사각의 크기가 같은 상태로 반사된다.

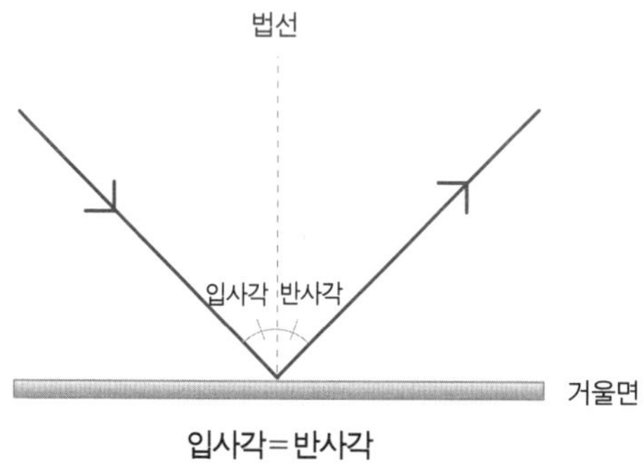

입사각=반사각

거울면에 수직인 선을 법선이라고 하는데 입사각은 법선과 입사광선이 이루는 각도를, 반사각은 법선과 반사광선이 이루는 각도를 말한다.

이때 입사각과 반사각의 크기는 같으며 이것을 빛의 반사법칙이라고 한다. 이런 빛의 성질 때문에 우리는 거울이나 호수 같은 매끄러운 면에 우리 모습을 비출 수 있고 지구 어디서나 달의 모습을 볼 수도 있다.

자, 그럼 A의 눈에는 누가 보일까? 그렇다. E가 보인다. A와 E, 그리고 점 O가 이루는 삼각형이 이등변삼각형이다. 정삼각형은 어떨까? 정삼각형은 이등변삼각형이기도 하므로 이등변삼각형의 성질도 갖고 있다.

이제 이등변삼각형의 성질을 이해했을 것이다. 이번에는 직각삼각형에 대해 알아보자.

직사각형이나 정사각형을 한 대각선에 따라 자르면 직각삼각형이 된다.

직각삼각형은 한 각의 크기가 90°이므로 한 예각의 크기만 알아도 나머지 각의 크기를 구할 수 있다. 삼각형의 세 내각의 합은 180°이기 때문이다. 이를 기억하며 다음 질문을 살펴보자.

빗변의 길이와 한 예각의 크기가 같은 직각삼각형 두 개가 있다. 이 두 직각삼각형 사이에 어떤 관계가 있을까?

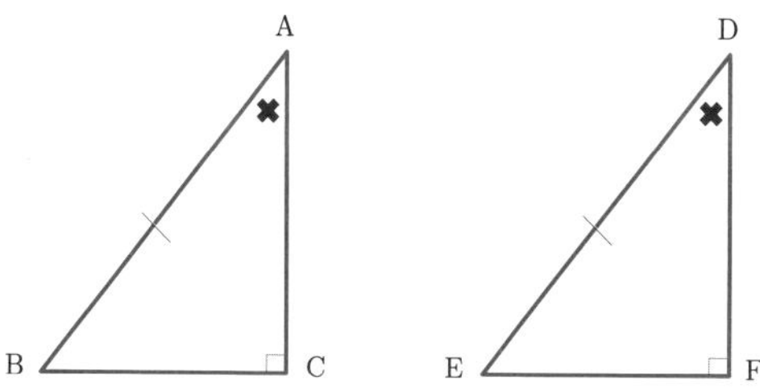

$\angle A = \angle D$이고 $\angle C = \angle F = 90°$이므로 삼각형 세 내각의 합은 $180°$임을 이용하면,

$\angle A + 90° + \angle B = 180°$, $\angle D + \angle E + 90° = 180°$

$\angle B = 90° - \angle A$, $\angle E = 90° - \angle D$

$\angle A = \angle D$이므로 $\angle B = 90° - \angle A = 90° - \angle D = \angle E$

$\overline{AB} = \overline{DE}$이므로 두 직각삼각형은 합동이다. 이것을 RHA합동이라고 한다.

그렇다면 빗변의 길이와 다른 한 변의 길이가 각각 같을 때 두 직각삼각형은 어떤 관계일까?

다음 두 직각삼각형 $\triangle ABC$와 $\triangle DEF$에서 $\overline{AB} = \overline{DE}$이고 $\overline{AC} = \overline{DF}$일 때 두 직각삼각형 사이의 관계를 알아보자.

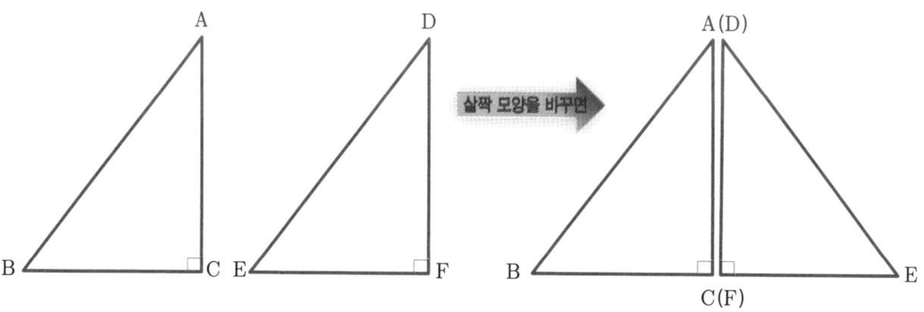

도형을 뒤집어서 붙여 보니 점 A와 점 D가 겹쳐지고 점 C와 점 F가 겹쳐졌다.

$\angle ACB + \angle ACE = 180^\circ$ 이므로 세 점 B, C, E는 한직선 위에 있다. 따라서 $\angle ACB$는 $\angle DFE$와 90° 이다. 여기서 △ABC와 △DEF를 RHS합동이라고 한다.

한편 $\overline{AB} = \overline{DE}$이므로 △ABE는 이등변삼각형이다.

이등변삼각형의 두 밑각의 크기는 같으므로 $\angle B = \angle E$이다.

합동인 직각삼각형 두 개를 붙이니 이등변삼각형이 되었다.

두 직각삼각형의 합동조건

(R : 직각, H : 빗변, A : 각, S : 변)

– 빗변의 길이와 한 예각의 크기가 같다(RHA합동).

– 빗변의 길이와 다른 한 변의 길이가 같다(RHS합동).

문제1 다음 그림과 같이 두 변의 길이($\overline{AB}=\overline{AC}$)가 서로 같을 때, $\angle BAC$의 크기를 구하여라.

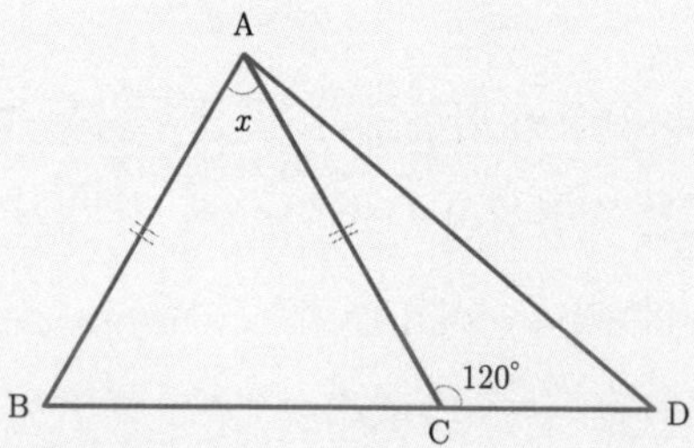

풀이 $\overline{AB}=\overline{AC}$ 이므로 $\angle B=\angle ACB$이다.

$\angle DCA+\angle ACB=120^\circ+\angle ACB=180^\circ$

$\angle ACB=60^\circ=\angle B$

$\angle ACB+\angle B+\angle BAC=60^\circ+60^\circ+\angle BAC=180^\circ$

답 60°

문제2 다음 그림과 같이 $\triangle ABC$의 $\overline{BC}$의 중점 D에서 $\overline{AB}$와 $\overline{AC}$에 내린 수선의 발을 각각 E, F로 하자. 이에 따라 $\overline{DE}=\overline{DF}$이고 $\angle B=70^\circ$일 때 $\angle A$의 크기를 구하여라.

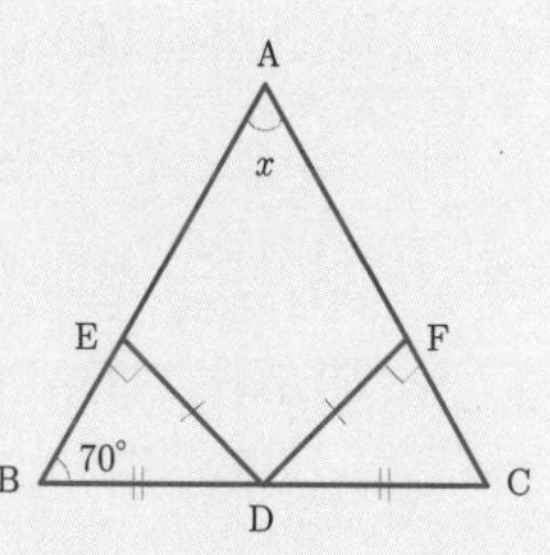

풀이 일단 주어진 조건을 확인하자.

$\triangle DEB$와 $\triangle DFC$는 직각삼각형이다.

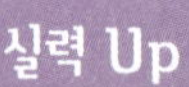

실력 Up

$\overline{BC}$의 중점을 D로 하면,

$\overline{BD}=\overline{CD}$,

$\overline{DE}=\overline{DF}$

따라서 직각삼각형의 합동조건 '빗변과 다른 한변의 길이가 같다(RHS합동)'를 만족한다.

이에 따라 $\triangle DEB \equiv \triangle DFC$

$\angle B=70^\circ$ 이므로 $\angle C=70^\circ$ 이고

삼각형의 세 내각의 합은 180° 이므로,

$\angle A+\angle B+\angle C=\angle A+70^\circ+70^\circ=180^\circ$

답 $\angle A=40^\circ$

문제 3 다음 그림에서

$\overline{AC}=\overline{BC}$, $\overline{AD}=\overline{CD}$이고,

$\angle D=60^\circ$ 일 때

$\angle x$의 크기를 구하여라.

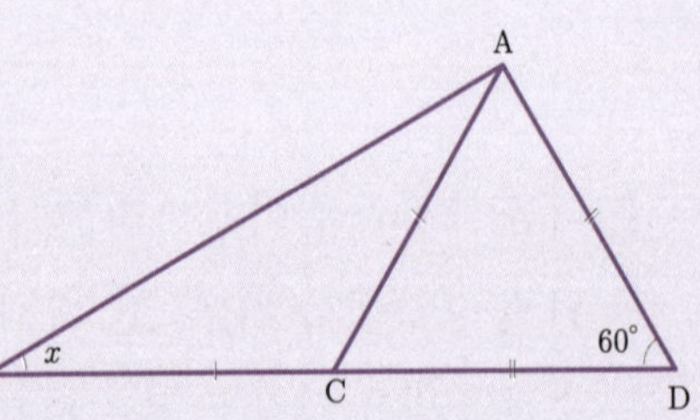

풀이 $\triangle CAB$와 $\triangle DAC$는 각각 $\overline{AC}=\overline{BC}$, $\overline{AD}=\overline{CD}$이므로 이등변삼각형이다.

이등변삼각형의 두 밑각의 크기는 같으므로 $\angle CAB=\angle x$이다.

그런데 $\triangle DAC$는 두 변의 길이가 같고 $\angle D=60^\circ$ 이므로

$\triangle DAC$는 정삼각형임을 알 수 있다. 따라서 $\angle DCA=60^\circ$ 이다.

$\angle DCA + \angle ACB = 180°$ (평각)이므로 $\angle ACB = 120°$

삼각형의 세 내각의 합이 180°인 점을 이용하면,

$\angle ACB + \angle x + \angle x = 180°$

답 $\angle x = 30°$

문제 4 다음 그림에서 $\angle BDE = \angle C = 90°$, $\overline{DE} = \overline{CE}$이고, $\angle BEC = 75°$일 때 $\angle A$의 크기를 구하여라.

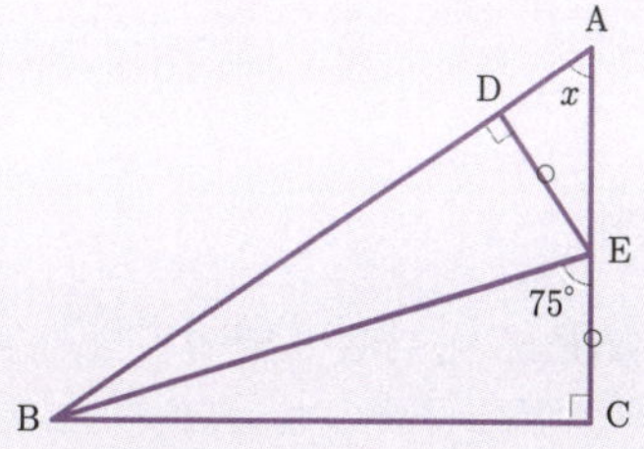

풀이 주어진 조건을 잘 파악해보자.

$\triangle BDE$와 $\triangle BCE$는 직각삼각형이다. 따라서

$\overline{DE} = \overline{CE}$이고 $\overline{BE}$는 공통인 변이므로,

$\triangle BDE \equiv \triangle BCE$ (RHS합동)

$\triangle BCE$의 세 내각의 합은 180°이므로 $\angle CBE = 15°$

$\angle CBE = \angle DBE$이므로 $\angle B = 30°$

$\triangle ABC$의 세 내각의 합도 180°이므로,

$\angle A + \angle B + \angle C = \angle A + 30° + 90° = 180°$

답 $\angle A = 60°$

실력 Up

문제 5 다음 그림과 같이 ∠XOY의 이등분선 위의 한 점 P에서 반직선 OX와 반직선 OY에 내린 수선의 발을 각각 A, B라 할 때, $\overline{PA}=\overline{PB}$임을 증명하여라.

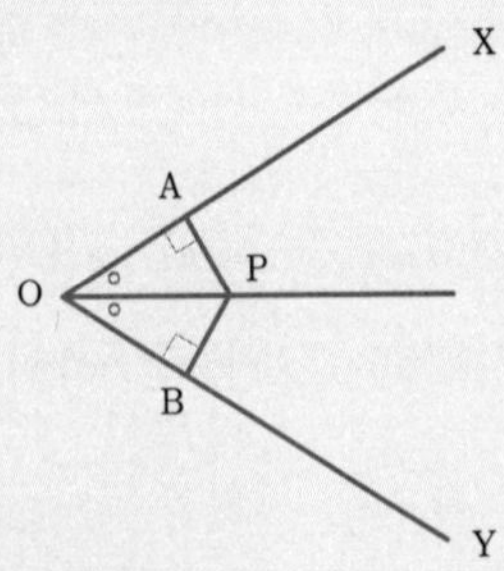

가정 ∠BOP=∠AOP,

△OBP와 △OAP는 직각삼각형이다.

결론 $\overline{PA}=\overline{PB}$

증명 △OBP와 △OAP는 직각삼각형이면서 서로 마주 붙어 있으므로 $\overline{OP}$는 공통변이다. ∠BOP=∠AOP는 직각삼각형의 합동조건 '빗변과 한 예각의 크기가 같으면 합동이다(RHA 합동)'에 의하여 △OBP≡△OAP이므로 $\overline{PA}=\overline{PB}$이다.

2 사각형

지금까지 삼각형을 살펴보았으니 도형의 기본은 끝났다. 기본이 끝난 것을 축하한다. 그렇다고 여기에서 만족할 수는 없는 법! 자 이제부터 사각형에 대해서 알아보자.

사각형은 네 변으로 이루어진 도형으로 평행사변형, 마름모, 사다리꼴, 직사각형, 정사각형 등이 있다.

먼저 사각형 내각의 합을 확인해보자.

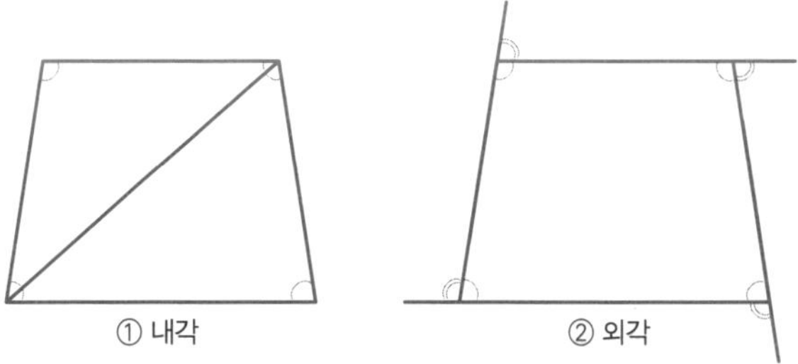

먼저 대각선을 그으면 삼각형 두 개가 생긴다.

삼각형의 세 내각의 합은 180°이므로 180°×2=360°. 즉 사각형의 내각의 합은 360°이다.

그렇다면 사각형의 외각의 합은 어떻게 될까?

그림 ②를 살펴보자. 각 꼭짓점에서의 외각과 내각의 합은 180°임이 보일 것이다. 따라서 전체 외각과 내각의 합은 180°×4=720°이다. 여기서 내각의 합을 빼면 외각의 합이 된다.

$720° - 360° = 360°$

이에 따라 사각형 외각의 합 역시 360°이다. 여기까지 이해했다면 사각형의 기본을 이해한 것이다. 그렇다면 지금부터는 여러 가지 사각형을 통해 각 사각형의 성질을 알아보자.

여러 가지 사각형

두 쌍의 대변이 각각 평행인 사각형을 평행사변형이라고 한다.

평행사변형에 대해서 우리는 무엇을 알 수 있을까?

$\overline{AB} /\!/ \overline{DC}$, $\overline{AD} /\!/ \overline{BC}$인 평행사변형에 임의로 대각선을 하나 그어 보자.

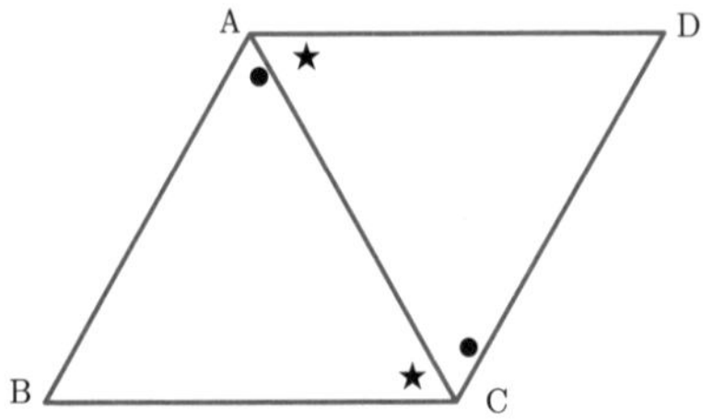

위의 그림처럼 $\triangle ABC$와 $\triangle ADC$라는 두 개의 삼각형으로 나뉘어졌다.

$\overline{AB} /\!/ \overline{DC}$이므로 $\angle BAC = \angle DCA$(엇각),

$\overline{AD} /\!/ \overline{BC}$이므로 $\angle BCA = \angle DAC$(엇각)인 것은 이제 쉽게 알 수 있을 것이다.

또 $\overline{AC}$는 공통변이므로 $\triangle ABC \equiv \triangle ADC$ (ASA합동)

따라서 $\angle B = \angle D$, $\angle A = \angle C$이고 $\overline{AD} = \overline{BC}$, $\overline{AB} = \overline{DC}$이다.

계속해서 나머지 하나의 대각선도 마저 그려 두 대각선이 만나는 점을 E로 표시한다.

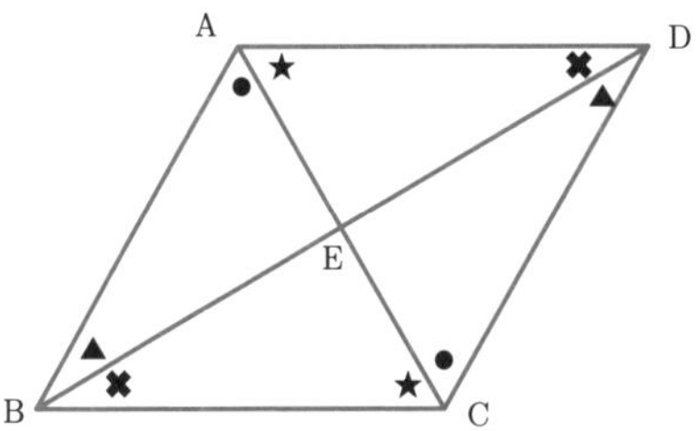

네 개의 삼각형 △AEB, △BEC, △CED, △DEA로 나뉘었다. 평행선에 직선이 지날 때 엇각의 크기는 같다는 성질을 이용하면,

$$\angle BAC = \angle DCA,$$
$$\angle BCA = \angle DAC,$$
$$\angle ABD = \angle CDB,$$
$$\angle CBD = \angle ADB.$$

이에 따라 다음과 같은 결론을 내릴 수 있다.

$$\triangle AEB \equiv \triangle CED$$
$$\triangle BEC \equiv \triangle DEA$$

따라서 $\overline{BE} = \overline{DE}$, $\overline{AE} = \overline{CE}$이다.

이를 통해 우리는 평행사변형의 두 대각선이 서로 다른 대각선을 이등분한다는 성질을 알 수 있다.

그렇다면 한 쌍의 대변이 평행하고 그 길이가 같으면 그 사각형도 평행사변형이 될까?

지금까지 배운 것을 떠올리며 증명해보자. 먼저 대각선을 하나 긋는다.

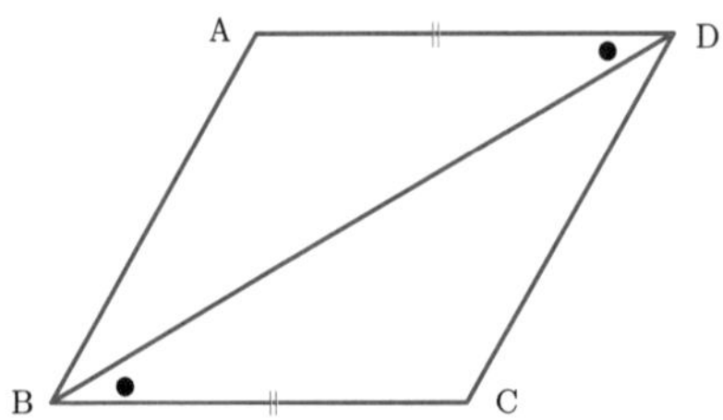

명제 $\overline{AD} /\!/ \overline{BC}$이고 $\overline{AD}=\overline{BC}$이면 평행사변형이다.

가정 $\overline{AD} /\!/ \overline{BC}$, $\overline{AD}=\overline{BC}$

결론 □ABCD는 평행사변형이다.

증명 $\overline{AD} /\!/ \overline{BC}$이므로,

$\angle ADB=\angle CBD$이며

$\overline{AD}=\overline{BC}$이다.

또 $\overline{BD}$는 공통변이므로

$\triangle ABD \equiv \triangle CDB$ (SAS합동)이다.

이에 따라 $\angle CDB=\angle ABD$이며

엇각이 서로 같으므로 $\overline{AB} /\!/ \overline{DC}$이다.

∴ 두 쌍의 대변이 각각 평행하므로 □ABCD는 평행사변형이다.

평행사변형

정의 두 쌍의 대변이 각각 평행한 사각형.

성질 • 두 쌍의 대각의 크기는 각각 같다.

• 두 쌍의 대변의 길이는 각각 같다.

• 두 대각선이 서로 다른 대각선을 이등분한다.

• 한 쌍의 대변이 평행하고 그 길이가 같다.

그러면 네 변의 길이가 같은 사각형인 마름모의 성질은 어떨까?

네 변의 길이가 같은 사각형이므로 두 쌍의 대변의 길이 또한 각각 같다. 이 말은 마름모는 평행사변형이며, 따라서 평행사변형의 성질을 만족한다는 의미이다. 이에 따라 마름모의 두 대각선은 서로 다른 대각선을 이등분한다.

그런데 마름모에는 이 성질만 존재할까? 이를 확인하기 위해 대각선을 그어보자.

아래 그림을 보면 떠오르는 것이 있을 것이다.

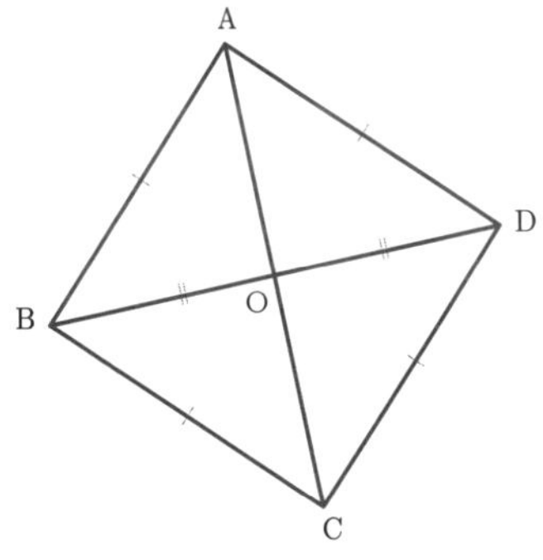

이면지나 노트 등을 찢어 만든 딱지가 떠오른다면 당신은 일찍부터 도형을 연구한 놀이 연구가거나 공부 대신 놀이를 즐긴 개구쟁이였을 것이다!

$\overline{AB}=\overline{AD}$ (마름모의 정의)

$\overline{BO}=\overline{DO}$ (평행사변형의 성질)

$\overline{AO}$는 공통인 변이므로

$\triangle ABO \equiv \triangle ADO$(SSS합동)가 성립하는데, 이 뜻은 $\angle AOB$와 $\angle AOD$의 크기가 같다는 의미이다.

그런데 $\angle AOB + \angle AOD = 180^\circ$ (평각)이므로,

$\angle AOB = \angle AOD = 90^\circ$.

즉 $\overline{AC} \perp \overline{BD}$임을 알 수 있다.

마름모의 두 대각선이 수직으로 만나면서 서로 이등분함을 알 수 있다.

마름모

정의 네 변의 길이가 같은 사각형

성질 두 대각선은 서로 다른 것을 수직이등분한다.

쓰레기 종량제 시행 후 과자봉지나 라면봉지를 버릴 때 딱지 모양으로 접어서 버리는 알뜰한 살림꾼이 있다. 하지만 딱지 접기를 하면 선별 과정에서 풀기 어려워서 재활용이 어려우니 버릴 때는 풀어서 버리고 재사용할 비닐만 딱지로 접어서 보관한다. 그런데 그 딱지의 모양은 마름모일까? 자고로 수학은 이런 환경 속에서 증명하고 확인하는 재미가 쏠쏠하니 직접 증명해보자.

긴 띠 모양으로 모양을 맞춘 후 딱지를 접어보자.

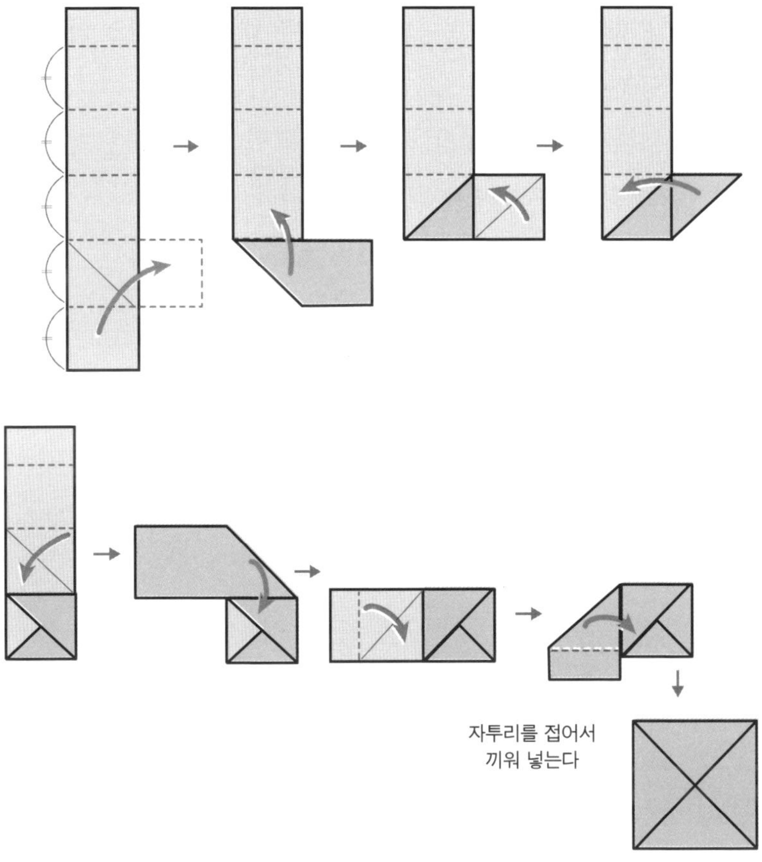

직접 접어보면 열심히 대각선을 직각으로 맞추고 있는 자신을 발견하게 될 것이다. 두 대각선이 서로 다른 것을 수직으로 이등분하게 만들고 있는 것이다. 바로 마름모의 성질이다.

그런데 접힌 딱지를 보면 네 각의 크기가 직각으로 같다. 그리고 네 각의 크기가 같은 사각형은 직사각형이다. 또 네 각의 크기가 같다는 것은 두 쌍의 대각의 크기가 같다는 것이므로 직사각형은 평행사변형이다. 따라서 평행사변형의 성질인 두 대각선이 서로 다른 대각선을 이등분한다.

딱지 하나에도 이런 수학의 비밀이 숨어 있다니 얼마나 멋진가! 이 성질을 이용해 직사각형에 대해 좀 더 알아보자.

□ABCD에 대각선을 그어서 만나는 점을 O로 놓는다.

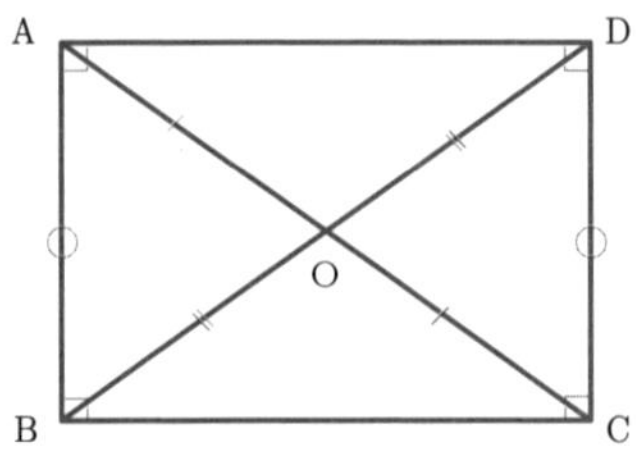

$\angle A = \angle B = \angle C = \angle D$ (직사각형의 정의)

$\overline{AO} = \overline{CO}$, $\overline{BO} = \overline{DO}$ (평행사변형의 성질)

$\overline{AB} = \overline{DC}$ (평행사변형의 성질)

△ABC와 △DCB를 살펴보면,

$\overline{AB} = \overline{DC}$이고 $\overline{BC}$는 공통변, $\angle B = \angle C$이므로 합동이다 (SAS합동).

$\therefore \overline{AC} = \overline{BD}$

즉 두 대각선의 길이가 같음을 알 수 있다.

직사각형

정의 네 각의 크기가 같은 사각형

성질 두 대각선의 길이가 같고, 서로 다른 대각선을 이등분한다.

따라서 딱지는 네 변의 길이와 네 각의 크기가 모두 같은 사각형인 것이다. 그리고 네 변의 길이와 네 각의 크기가 모두 같은 사각형은 정사각형이다.

네 변의 길이가 같으므로 정사각형은 마름모이고 네 각의 크기가 같으므로 직사각형이기도 하다. 따라서 정사각형은 마름모의 성질과 직사각형의 성질을 모두 가져야 한다.

이는 곧 정사각형의 두 대각선은 서로 길이가 같고, 서로 다른 대각선을 수직이등분한다는 것을 뜻한다.

이를 뒤집어 생각하면, 두 대각선의 길이가 같고 서로 다른 대각선을 수직이등분하는 사각형이 있다면 그 사각형은 정사각형인 것일까? 수학은 증명이 맛이니 증명해보자.

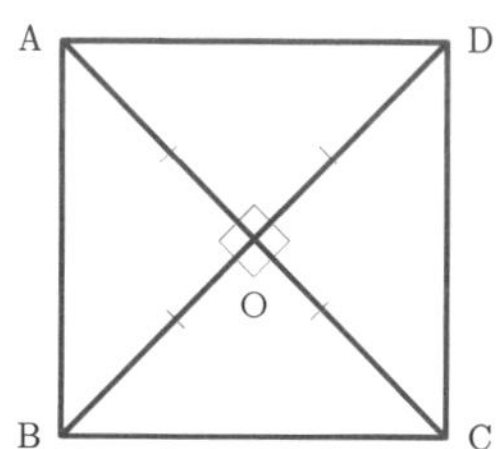

가정 $\overline{OA}=\overline{OC}=\overline{OB}=\overline{OD}$

$\overline{AC}\perp\overline{BD}$

결론 □ABCD는 정사각형이다.

즉 $\angle A=\angle B=\angle C=\angle D$, $\overline{AB}=\overline{BC}=\overline{CD}=\overline{DA}$

증명 $\overline{OA}=\overline{OC}=\overline{OB}=\overline{OD}$,

$\angle AOB=\angle BOC=\angle COD=\angle DOA=90^\circ$

$\triangle AOB\equiv\triangle BOC\equiv\triangle COD\equiv\triangle DOA$ (SAS합동)

$\therefore\ \overline{AB}=\overline{BC}=\overline{CD}=\overline{DA}$

또한 △AOB, △BOC, △COD, △DOA는 모두 이등변삼각형이므로 이등변삼각형의 두 밑각의 크기는 같다는 성질에 따라

$\angle A=\angle B=\angle C=\angle D$

∴ □ABCD는 정사각형이다.

그러므로 알뜰한 당신이 접은 봉지딱지는 정사각형이다.

정사각형

정의 네 변의 길이와 네 각의 크기가 모두 같은 사각형

성질 두 대각선의 길이가 같고, 서로 다른 대각선을 수직이등분한다.

계속해서 다른 형태의 사각형을 살펴보자.

한 쌍의 대변이 평행한 사각형은 사다리꼴의 조건이 된다. 사다리꼴의 모양은 다양해서 한 쌍의 대변이 평행하다는 것 말고는 같은

성질을 찾기가 어려운 만큼, 등변사다리꼴을 통해서 사다리꼴의 조건을 확인할 수 있다.

등변사다리꼴은 한 쌍의 대변이 평행하고, 밑변의 양 끝각의 크기가 같은 사다리꼴이다. 과연 이 성질이 확실히 존재하는지 등변사다리꼴에도 대각선을 그려서 확인해보자.

□ABCD에서 $\overline{AD} /\!/ \overline{BC}$, $\angle B = \angle C$일 때를 살펴보자.

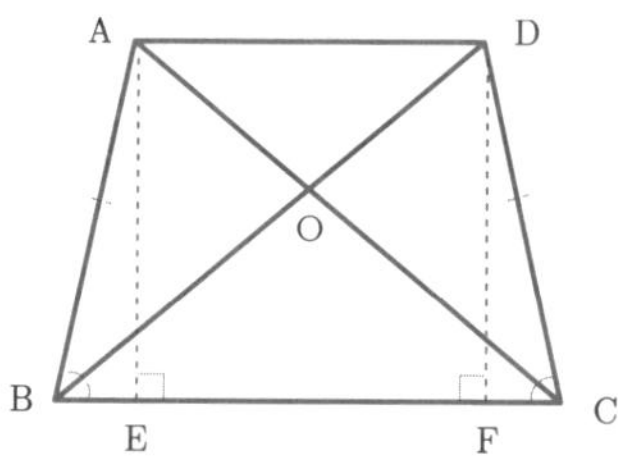

먼저 꼭짓점 A와 꼭짓점 D에서 밑변에 수선을 내려 만나는 점을 E, F로 한다.

$\angle B = \angle C$, $\angle AEB = \angle DFC = 90°$이므로 $\angle BAE = \angle CDF$이다.
또한 $\overline{AD} /\!/ \overline{BC}$이므로 $\overline{AE} = \overline{DF}$

따라서 직각삼각형 $\triangle ABE \equiv \triangle DCF$(ASA 합동)이다.

$\therefore \overline{AB} = \overline{DC}$

이를 통해 등변사다리꼴은 평행하지 않은 두 변의 길이가 같다는 것을 알 수 있다. 달리 보면 등변사다리꼴은 이등변삼각형의 밑변과 평행하게 꼭짓점이 있는 윗부분을 잘라낸 모양이기 때문에 평행하지 않은 두변의 길이가 같고 밑변의 양 끝각의 크기가 같을 수밖에 없다.

또 다른 성질을 확인해보자.

$\triangle ABC$와 $\triangle DCB$에서

$\angle B = \angle C$, $\overline{AB} = \overline{DC}$

$\overline{BC}$는 공통변이므로,

$\triangle ABC \equiv \triangle DCB$(SAS합동)

$\therefore$ $\overline{AC} = \overline{DB}$

등변사다리꼴에서는 두 대각선의 길이가 같음을 알 수 있다.

등변사다리꼴

정의 한 쌍의 대변이 평행하고, 밑변의 양 끝각의 크기가 같은 사다리꼴이다.

성질 두 대각선의 길이가 같고, 평행하지 않은 두 변의 길이가 같다.

사실 여러분에게 딱지를 소개한 이유는 딱지를 직접 접어보는 것만으로도 여러 가지 모양의 사각형 사이에는 어떤 관계가 있다는 것을 알 수 있기 때문이다.

한 쌍의 대변이 평행하면 사다리꼴이다. 여기에 나머지 한 쌍의 대변도 평행하면 평행사변형이 된다. 그리고 평행사변형의 한 각이 90°이면 네 각이 모두 직각이 되어 직각사각형이 된다. 또한 평행사변형에서 이웃한 두 변의 길이가 같으면 네 변의 길이가 같아져 마름모가 된다. 직사각형에서 이웃한 두 변의 길이가 같거나 마름모의

한 내각이 직각이 되면 정사각형이 된다. 이런 식으로 여러 가지 사각형은 서로 속하기도 하고 별개로 존재하기도 한다.

이를 벤다이어그램으로 표현하면 다음과 같다.

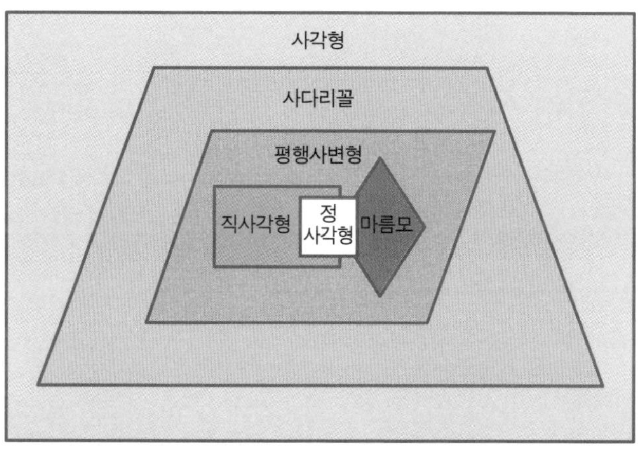

실력 Up

문제1 다음 그림과 같은 평행사변형 □ABCD에서 $\angle ACB=50°$, $\angle ADC=20°$일 때 $\angle x+\angle y$의 값을 구하여라.

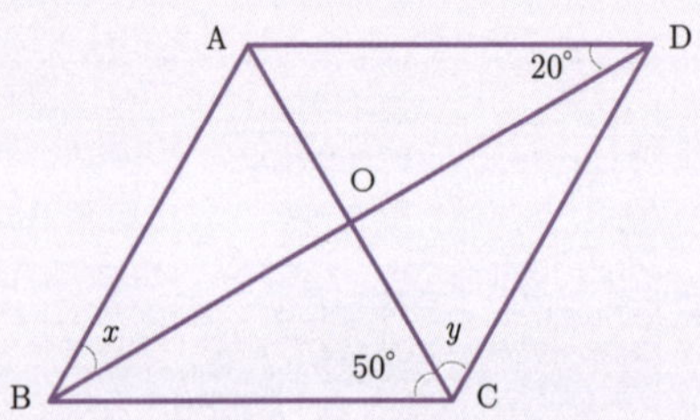

풀이 $\overline{AD}/\!/\overline{BC}$이므로 $\angle ACB=\angle CAD=50°$ (엇각)

$\overline{AB}/\!/\overline{DC}$이므로 $\angle x=\angle CDB$ (엇각)

△ACD에서 $\angle CAD+\angle ADB+\angle x+\angle y=180°$

(삼각형의 네 각의 합은 180°)

$\angle x+\angle y=180°-(50°+20°)=110°$

답 $\angle x+\angle y=110°$

문제2 다음 그림과 같은 직사각형 ABCD에서 $\overline{AO}=5\text{cm}$일 때, $\overline{BD}$의 길이를 구하여라.

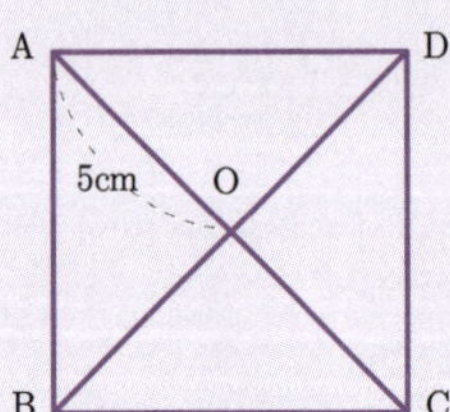

풀이 두 대각선의 길이가 같고, 서로 다른 대각선을 이등분하는 직사각형의 성질을 생각하면 $\overline{AO}$가 $\overline{BO}$와 길이가 같고, $\overline{BD}$가 $\overline{BO}$의 두 배이므로 $\overline{BD}=2\times5$cm이다

답 $\overline{BD}=10$cm

문제 3 다음 그림과 같은 마름모 ABCD에서 두 대각선의 교점을 O로 할 때, $\angle BCO=40^\circ$이면 $\angle x$의 크기는 얼마인지 구하여라.

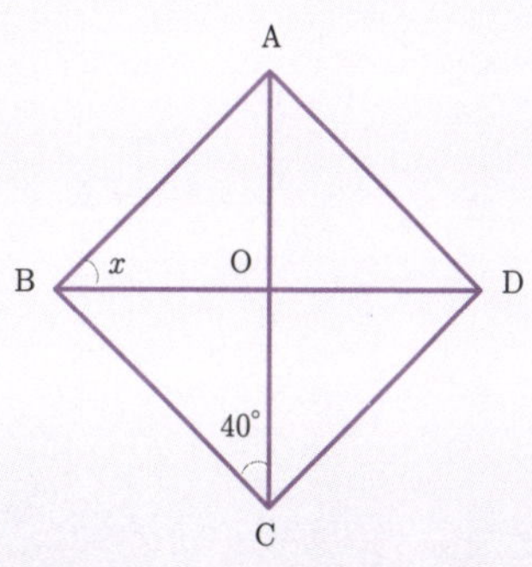

풀이 마름모 ABCD에서 대각선에 의해 만들어진 △AOB와 △COB를 보면,

$\overline{AB}=\overline{BC}$ (마름모의 정의)

$\overline{AC}\perp\overline{BD}$ (마름모의 성질)

$\overline{BO}$는 공통변이다.

그러므로 $\triangle AOB\equiv\triangle COB$(RHS합동)이 된다.

따라서 $\angle BAO=\angle BCO=40^\circ$

삼각형의 내각의 합은 180°이므로,

$\angle x+\angle BAO+90^\circ=180^\circ$

답 $\angle x=50^\circ$

실력 Up

문제 4 다음 그림과 같은 정사각형 ABCD에서 꼭짓점 C에서 내린 선이 $\overline{AB}$와 만나는 점을 E, 꼭짓점 D에서 내린 선이 $\overline{BC}$와 만나는 점을 F라 할 때 $\overline{BE}=\overline{CF}$였다. 이때 $\angle BFD=120^\circ$이면 $\angle BCE$의 크기를 구하여라.

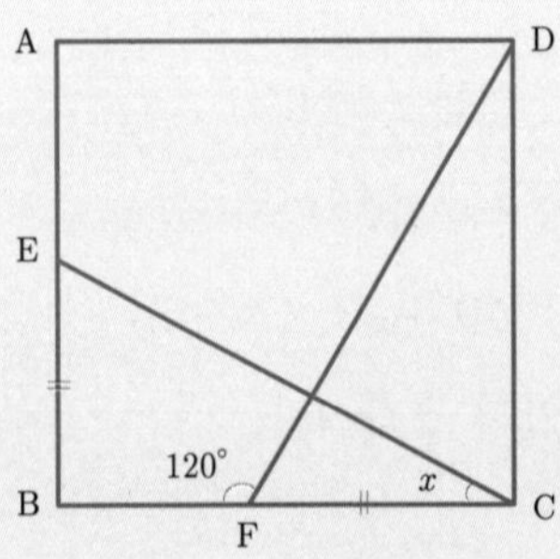

풀이 $\square ABCD$는 정사각형이므로 $\overline{BC}=\overline{CD}$, 그림에서 $\overline{BE}=\overline{CF}$, $\angle B=\angle C=90^\circ$

이에 따라 $\triangle CEB \equiv \triangle DFC$이다(SAS합동).

$\angle BFD=120^\circ$이면 $\angle DFC=60^\circ$ (평각은 180°이므로)

$\angle DFC=\angle ECB$이므로 삼각형 내각의 합 180°를 이용하면,

$\angle ECB+\angle B+\angle BCE=60^\circ+90^\circ+\angle BCE=180^\circ$

답 $\angle BCE=30^\circ$

문제4 다음과 같은 등변사다리꼴 ABCD에서 $\overline{AB}=\overline{AD}=\overline{DC}=5$cm, $\angle B=60°$일 때, 등변사다리꼴 ABCD의 둘레의 길이를 구하여라.

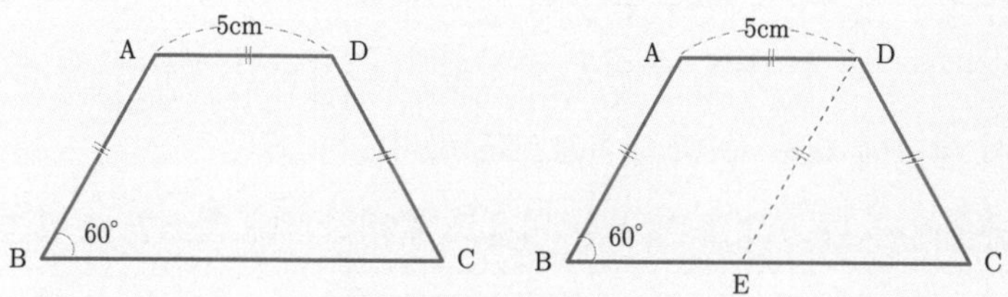

풀이 먼저 꼭짓점 D에서 $\overline{AB}$와 평행이 되는 선을 그어 대변 BC와 만나는 점을 E라고 한다.

평행사변형은 대변의 길이가 같다고 했으므로 $\overline{BE}=5$cm이다.

또 $\angle B=60°$이므로 $\angle C$도 60°

(등변사다리꼴은 밑변의 양 끝각의 크기가 같다.)

$\angle B=60°$이므로 $\angle DEC=60°$ (동위각)

따라서 $\overline{BE}=\overline{EC}$이다.

이에 따라 등변사다리꼴 ABCD의 둘레의 길이

$=5+5+5+5+5=25$

답 25cm

3 도형의 닮음과 응용

삼각형의 닮음

앞에서 탈레스는 닮음을 이용해 막대기의 높이와 막대기 그림자의 길이로 피라미드의 높이를 측정했다. 그렇다면 닮음은 뭘까? 여기서 닮음에 대해 좀 더 알아보도록 하자.

닮음이란 한 도형을 일정한 비율로 확대하거나 축소한 것이 다른 도형과 합동이 될 때, 두 도형의 관계를 말한다. 이때 두 도형을 닮은 도형이라고 하고 기호로는 ∽로 표시한다. 그리고 두 닮은 도형에서 대응하는 변의 길이의 비는 닮음비, 대응하는 변의 길이를 줄여서 대응변, 대응하는 각의 크기를 대응각이라고 한다.

이를 확인하기 위해 두 정삼각형 ABC와 DEF를 살펴보자. △DEF는 △ABC를 2배 확대한 것이다.

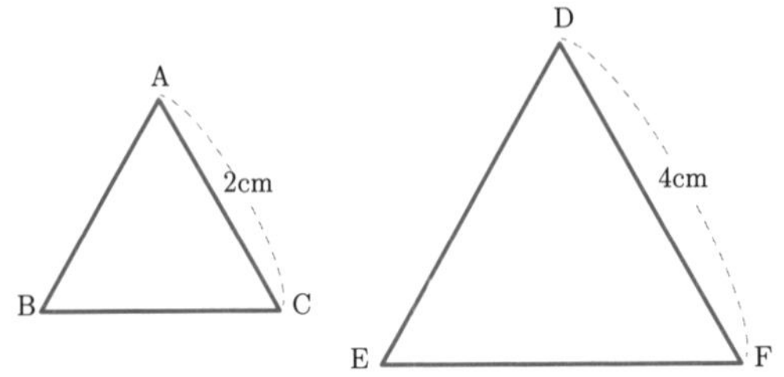

∠A와 ∠D, ∠B와 ∠E, ∠C와 ∠F는 서로 대응하는 각이며 크기도 같다.

$\overline{AB}$와 $\overline{DE}$, $\overline{BC}$와 $\overline{EF}$, $\overline{CA}$와 $\overline{FD}$는 서로 대응하는 변이면서 닮음

비가 1:2로 길이의 비가 일정하다.

일반적으로 두 닮은 평면도형은 다음과 같은 성질을 가진다.

평면도형에서 닮은 도형의 성질

1. 대응각의 크기가 서로 같다.
2. 대응변의 비는 일정하다.
   (대응변의 비는 대응변에 관한 길이의 비와 같은 의미이다)

그렇다면 두 삼각형이 닮은 도형이 되려면 대응변의 비가 일정하고 대응각의 크기 또한 같으면 된다. 그런데 이 중 몇 가지만 같아도 닮음이 되는 경우가 있다.

합동의 조건을 떠올리면 좀 더 이해하기 쉬울 것이다.

먼저 대응변 세 쌍의 비가 같은 삼각형을 그려보자.

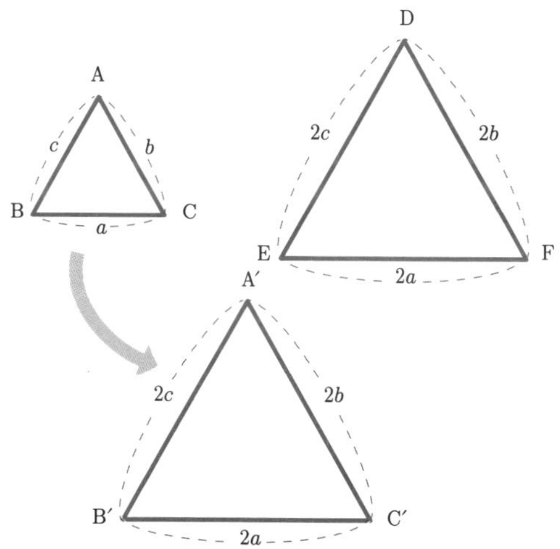

$\triangle$ABC의 각 변을 2배씩 늘여서 $\triangle$A′B′C′를 그려본다.

$\triangle$A′B′C′와 $\triangle$DEF는 합동이다(SSS합동).

따라서 $\triangle$ABC$\backsim$$\triangle$DEF이 성립된다.

이런 닮음을 SSS닮음이라고 한다.

그렇다면 대응변 두 쌍의 비가 같고 그 사이 끼인 각의 크기가 같은 삼각형은 어떨까?

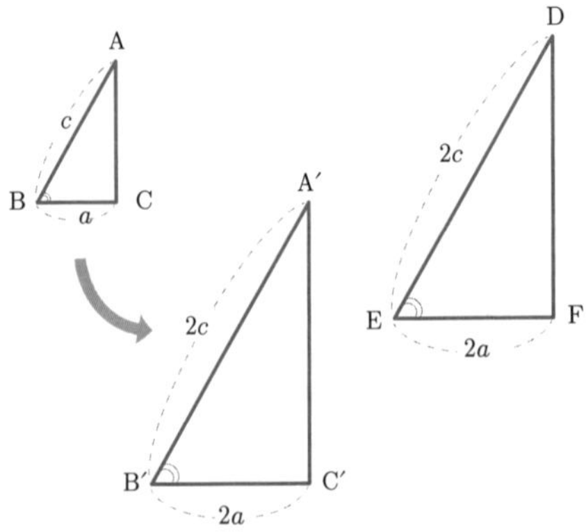

$\triangle$ABC의 두 변 $\overline{AB}$와 $\overline{BC}$를 2배씩 늘리고 $\angle$B$=$$\angle$B′인 $\triangle$A′B′C′를 그려본다.

$\triangle$A′B′C′와 $\triangle$DEF는 합동(SAS합동)이기 때문에

$\triangle$ABC$\backsim$$\triangle$DEF이다.

이런 닮음을 SAS닮음이라 한다.

그렇다면 대응각만 같을 경우에는 어떻게 될까? 두 쌍의 대응각이 같은 경우를 살펴보자.

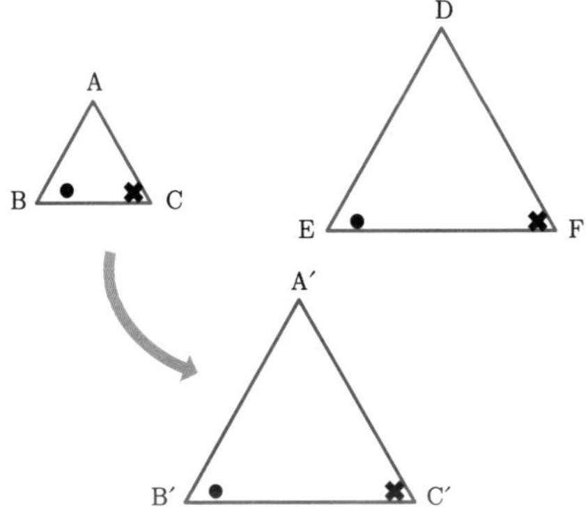

∠B=∠B′, ∠C=∠C′인 △A′B′C′를 그려보자.

두 쌍의 대응각이 같으면 나머지 한 대응각의 크기도 같기 때문에 △A′B′C′와 △DEF는 합동이다.

그러므로 △ABC∽△DEF이며 이런 닮음을 AA닮음이라고 한다.

그렇다면 피라미드의 높이를 구한 탈레스가 이용한 닮음은 어떤 닮음이었을까?

그는 지면과 직각이고 태양의 고도가 같은 것을 이용했으므로 AA닮음을 이용해 피라미드의 높이를 구했다.

삼각형의 닮음 조건

1. 세 쌍의 대응변의 비가 같을 때(SSS닮음)
2. 두 쌍의 대응변의 비가 같고,
   그 사이 끼인 각의 크기가 같을 때(SAS닮음)
3. 두 쌍의 대응각의 크기가 각각 같을 때(AA닮음)

$\angle$A가 90°인 직각삼각형 ABC에서 $\overline{AH} \perp \overline{BC}$이고 $\overline{AB}=6$cm, $\overline{AC}=4$cm, $\overline{BC}=8$cm이면, $\overline{AH}$의 길이를 구해보자.

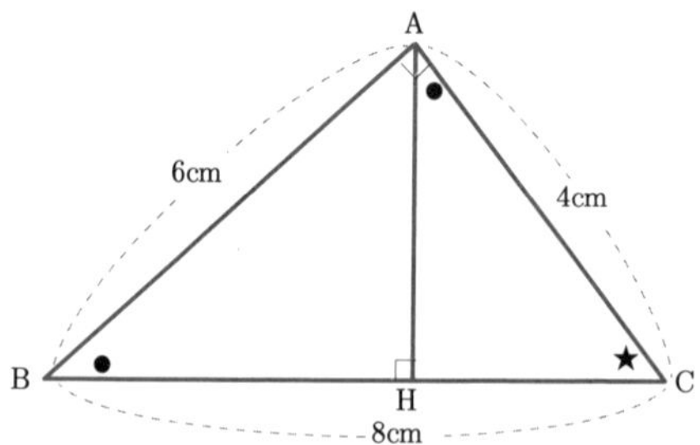

△ABC에서 $\angle A(90^\circ)+\angle B(●)+\angle C(★)$이므로,

△AHC를 살펴보면 $\angle AHC=90^\circ$, $\angle C=$★이다. 따라서△ABC와 △AHC는 두 쌍의 대응각의 크기가 같으므로 AA닮음이다. 이에 따라 대응변의 비가 같아야 하므로,

$\overline{AB}:\overline{BC}=\overline{AH}:\overline{AC}$

$6:8=x:4 \Rightarrow x=3$

$\therefore \overline{AH}=3$cm

2) 닮음의 응용

이제 도형과 평행선의 관계를 알아보자.

다음과 같은 △ABC 내부에 $\overline{BC}$와 평행한 선을 그리고 양쪽에서 만나는 점을 D, E로 놓는다.

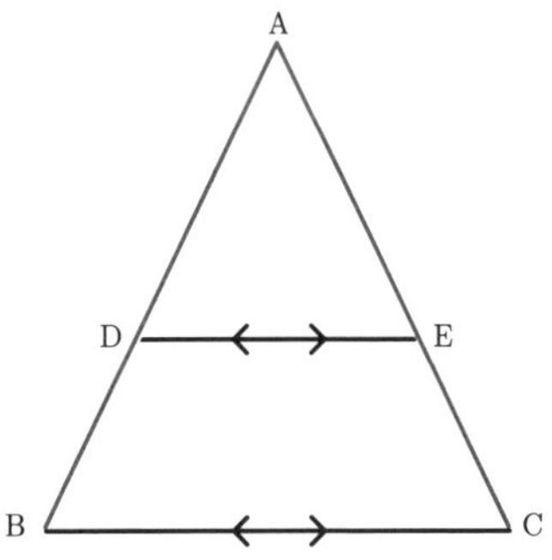

$\triangle$ABC와 $\triangle$ADE가 생겼다. 이 두 삼각형 사이의 관계를 알아보자.

$\overline{BC} /\!/ \overline{DE}$이므로 $\angle ADE = \angle ABC$이고 $\angle AED = \angle ACB$이다(동위각).

따라서 $\triangle ABC \equiv \triangle ADE$(AA닮음)이다.

두 삼각형이 닮은 관계이므로 각 변의 길이의 비가 일정해야 한다.

$$\frac{\overline{AD}}{\overline{AB}} = \frac{\overline{AE}}{\overline{AC}} = \frac{\overline{DE}}{\overline{BC}}$$

이는 곧 $\dfrac{\overline{AD}}{\overline{DB}} = \dfrac{\overline{AE}}{\overline{EC}}$라는 것을 알 수 있다.

실생활에서 이를 확인해볼 수 있는 예로는 어떤 것이 있을까? 지구에서 달과 태양을 보면 그 크기가 비슷해 보인다. 왜냐하면 태양과 달의 각지름은 약 0.5°로 같기 때문이다. 하지만 실제로는 태양의 반지름이 달보다 약 400배가 크다. 이를 확인하고 싶다면 닮음을 응용하면 된다.

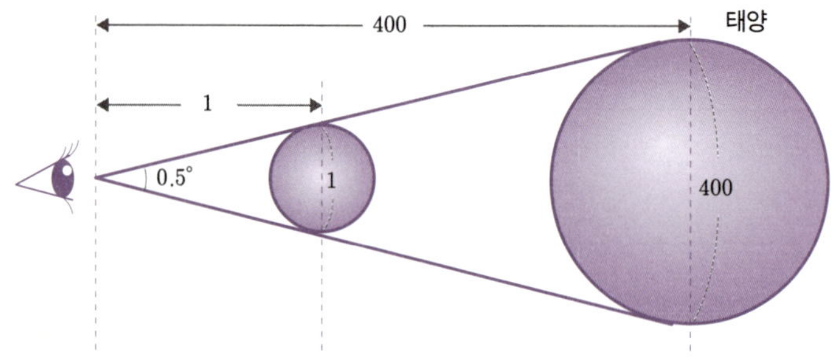

관찰자의 눈을 꼭짓점으로 하는 닮은 삼각형이므로 지구에서 달까지 거리와 지구에서 태양까지 거리의 비가 바로 달의 지름과 태양의 지름 크기의 비가 된다.

그런데 지구에서 달까지의 평균거리는 약 38만km이고 지구에서 태양까지의 거리는 약 1억 5천만km로, 달까지의 거리의 약 400배이다.

따라서 태양의 지름이 달의 지름의 약 400배라는 것을 알 수 있다.

고대 그리스의 과학자 아르키메데스는 충분히 긴 지레와 받침대, 그리고 서 있을 자리를 주면 지구를 들어보이겠다고 했다. 이는 지레의 법칙을 응용한 것으로, 지레를 사용하면 힘은 적게 들지만 힘이 작용하는 거리는 늘어난다. 지구는 받침점 아주 가까이에, 아르키메데스는 받침점에서 매우 멀리 있다는 조건하에 자신의 힘으로 지구를 들어올릴 수 있다고 자신했다. 물론 지구의 질량이나 여러 조건을 고려하지 않았지만 이는 재미있는 이론임에는 틀림없다. 위

대한 수학자이자 과학자였던 아르키메데스는 물체를 직접 들어올릴 때 한 일의 양과 지레를 사용하여 물체를 들어올릴 때 한 일의 양이 같기 때문에 이와 같이 말할 수 있었던 것이다.

이를 그림으로 나타내면 다음과 같다.

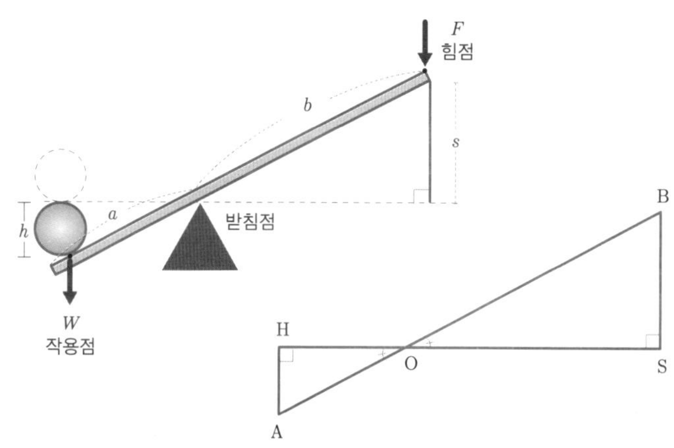

일은 힘과 이동거리를 곱한 값이므로 $W \times h = F \times s$이다.

그런데 닮음 조건에 의하면 $a : b = h : s$가 되므로,

(왜냐하면 $\angle AOH = \angle BOS =$맞꼭지각, $\angle AHO = \angle BSO = 90^\circ$이므로 $\triangle AHO \backsim \triangle BSO$, AA닮음)

$W \times a = F \times b$가 된다. 이것이 지레의 법칙이다.

그렇다면 △ABC에서 점 D, E가 $\overline{AB}$, $\overline{BC}$의 중점일 때는 어떻게 될까?

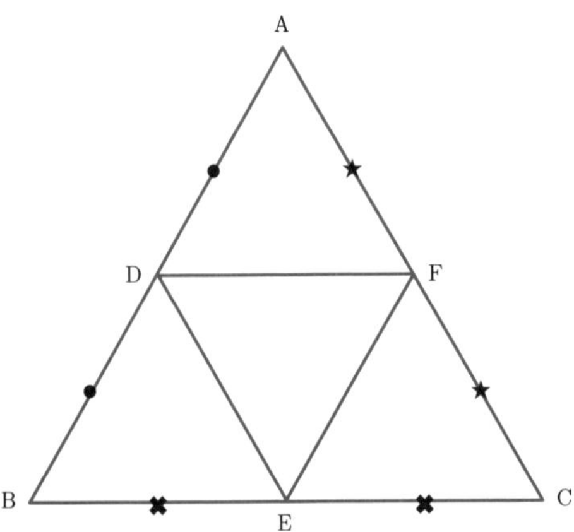

$\overline{AB}$, $\overline{BC}$, $\overline{CA}$의 중점을 D, E, F로 하면,

$\frac{\overline{AD}}{\overline{AB}}=\frac{\overline{AF}}{\overline{AC}}=\frac{1}{2}$ 이므로

$\overline{DF}:\overline{BC}=1:2$ 곧 $\overline{DF}=\frac{1}{2}\overline{BC}$가 된다.

이는 다시 말해 $\overline{AD}=\overline{BD}$이고 $\overline{BC}/\!/\overline{DF}$이면

$\overline{AF}=\overline{CF}$인 것을 알 수 있다.

이를 삼각형의 중점 연결 정리라고 한다.

삼각형의 중점 연결 정리

1. △ABC에서 점 D, E가 $\overline{AB}$, $\overline{BC}$의 중점이면
   $\overline{BC}/\!/\overline{DF}$일 때 $\overline{DF}=\frac{1}{2}\overline{BC}$
2. $\overline{AD}=\overline{BD}$이고 $\overline{BC}/\!/\overline{DF}$이면 $\overline{AF}=\overline{CF}$

△ABC에서 각 꼭짓점과 그 대변의 중점을 연결하는 선을 그어보자. 이 선을 중선이라고 한다. 먼저 꼭짓점 A와 꼭짓점 B에서 중선을 그어보자.

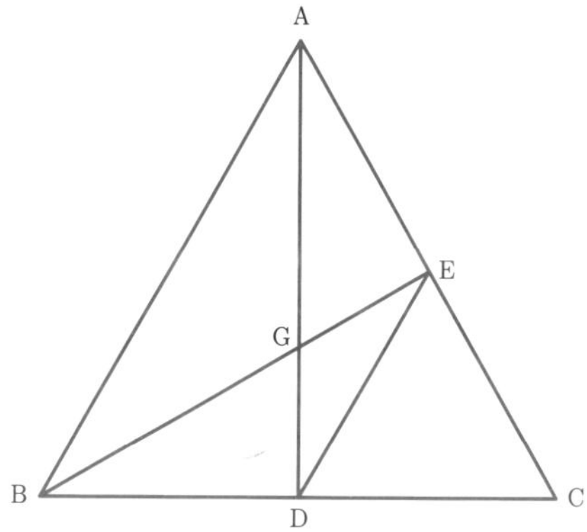

두 점 D, E는 각각 $\overline{BC}$와 $\overline{CA}$의 중점이므로 삼각형의 중점 연결 정리에 의해, $\overline{AB} /\!/ \overline{ED}$, $\overline{ED} = \frac{1}{2}\overline{AB}$가 된다.

따라서 $\triangle ABG \backsim \triangle DEG$이고 닮음비는 2:1이다.

즉 $\overline{BG} : \overline{EG} = \overline{AG} : \overline{DG} = 2:1$이라는 뜻이다.

이에 따라 두 중선 $\overline{AD}$와 $\overline{BE}$는 점 G로 인해 각 꼭짓점에서 2:1로 나누어진다.

계속해서 이번에는 꼭짓점 A와 꼭짓점 C에서 내린 중선을 살펴보자.

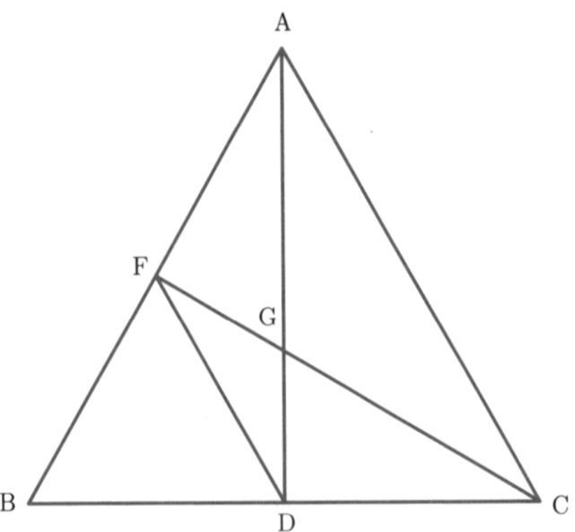

두 점 D, F는 각각 $\overline{AB}$와 $\overline{BC}$의 중점이므로 삼각형의 중점연결 정리에 의하여, $\overline{AC} /\!/ \overline{FD}$, $\overline{FD} = \frac{1}{2}\overline{AC}$가 된다.

따라서 $\triangle ACG \backsim \triangle DFG$이고 닮음비는 $2:1$이다.

즉 $\overline{AC}:\overline{FD} = \overline{CG}:\overline{FG} = 2:1$이라는 뜻이다.

두 중선 $\overline{AD}$와 $\overline{CF}$는 점 G로 인해 각 꼭짓점에서 $2:1$로 나누어 진다.

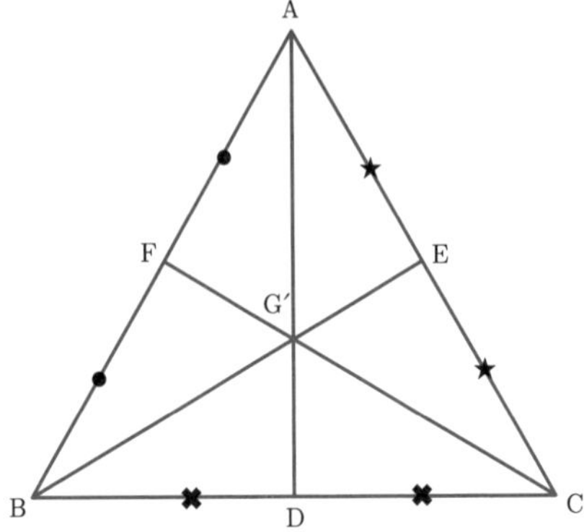

꼭짓점 A, B, C에서 각각 중선을 내리면 위 그림처럼 세 중선이 모두 한 점에서 만나는 G′가 생긴다. 이 점은 세 중선을 각 꼭짓점에서 각각 2:1로 나누며 무게중심이라고 한다.

삼각형의 무게중심은 종이접기를 이용하여 간단히 찾을 수 있다. 삼각형을 오려내어 한 변을 양 꼭지점이 겹치도록 접어서 중점을 찾은 후에 대각과 이 중점을 일직선으로 접는다. 다른 변의 중점도 찾아서 그 대각과 연결하면 두 중선이 만나는 점이 무게중심이다.

왜 이 점을 삼각형의 무게중심이라고 부를까?

이 삼각형을 오려내어 무게중심에 손끝을 대고 가만히 놓아보자. 삼각형이 균형을 잡아 흔들리지 않는 것을 볼 수 있을 것이다. 이는 물리 쪽에서 말하는 무게중심과 같다.

피사의 사탑(© Softeis)

왜 무게중심이라고 부르는지 이해가 되었을 것이다. 모든 물체는 무게중심이 있으며 그에 따라 균형을 잡고 있다. 걸을 때 지구의 중력에도 쓰러지지 않는 이유도 몸의 움직임에 따라 우리 몸의 무게중심이 균형을 맞추기 위해 조금씩 이동하기 때문이다.

좀 더 떠올리기 쉬운 예로는 모빌이 있다. 모빌을 만들 때 양쪽 균형을 맞추기 위해 찾는 점이 무게중심이다.

이탈리아 피사의 사탑이 기울어져 있지만 아직까지 쓰러지지 않는 이유 또한 무게중심 때문이다. 무게중심이 아직은 사탑의 받침면을 벗어나지 않았기 때문에 매년 남쪽으로 1mm씩 기울어짐에도 불구하고 쓰러지지 않는 것이다.

이제 우리가 배운 것을 활용해보자.

△ABC의 세 꼭짓점에서 대변의 중점에 각각의 중선을 긋고 세 점이 만나는 점을 G라고 할 때 △ABG와 △ACG의 넓이 관계를 비교해보자.

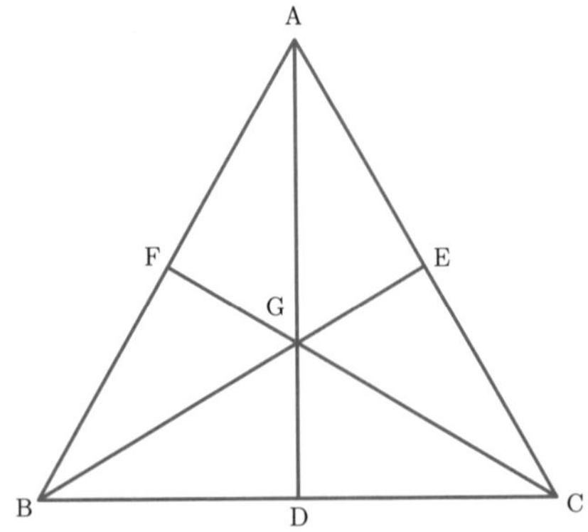

삼각형의 넓이는 밑변의 길이와 높이의 곱의 반이다. 그 말은 밑변의 길이와 높이만 같다면 어떤 모양의 삼각형이라도 넓이가 같다는 걸 의미한다.

△ABD와 △ACD를 살펴보면 무게중심에 의한 중점이므로 $\overline{BD}=\overline{CD}$임을 알 수 있다.

또 꼭짓점 A가 같으므로 높이도 같다.

따라서 △ABD＝△ACD(도형간의 '＝' 표시는 넓이가 같음을 의미한다).

계속해서 △GBD와 △GCD를 살펴보면 무게중심에 의한 중점이므로 $\overline{BD}=\overline{CD}$이다.

이번에도 꼭짓점 G가 같으므로 높이도 같다. 따라서,

△GBD＝△GCD

△ABG＝△ABD－△GBD

＝△ACD－△GCD＝△ACG

∴ △ABG＝△ACG

무게중심의 성질

1. 무게중심은 세 중선의 길이를 각 꼭짓점에서 2:1로 나눈다.
2. 세 중선에 의해 나뉘어지는 여섯 개의 삼각형 넓이는 같다.

그렇다면 두 직선이 여러 개의 평행선과 만날 때 잘린 선분들은 어떤 관계가 있을까?

아래 그림처럼 평행한 세 직선 l, m, n이 두 직선 x, y와 만날 때 a, b, a', b' 사이의 관계를 알아보자.

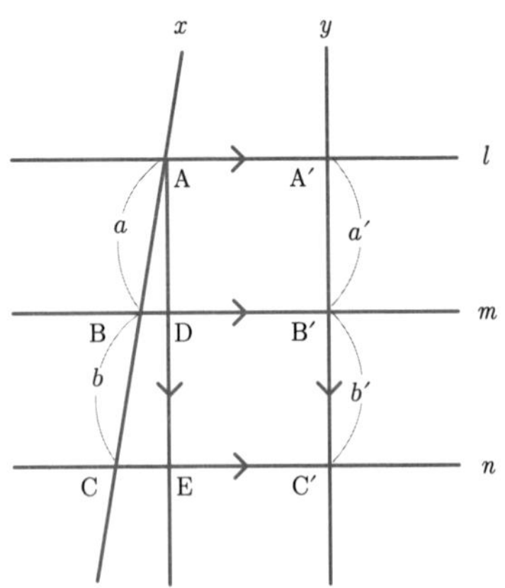

각 직선이 만나는 점을 각각 A, B, C, A′, B′, C′로 놓고 점 A를 지나면서 직선 y에 평행한 직선을 그린다. 계속해서 각 평행한 직선과 만나는 점을 D, E라고 한다.

이제 △ACE를 살펴보자.

$\overline{BD} /\!/ \overline{CE}$이므로

$\overline{AB} : \overline{BC} = \overline{AD} : \overline{DE}$가 된다.

그런데 □ADB′A′과 □DEC′B′는 평행사변형이므로,

$\overline{AD} = \overline{A'B'}$이고 $\overline{DE} = \overline{B'C'}$이다.

따라서 $\overline{AB} : \overline{BC} = \overline{A'B'} : \overline{B'C'}$

$\therefore a : b = a' : b'$

이처럼 평행선과 직선, 도형을 이용하여 원하는 길이나 각도, 넓이 등을 쉽게 구할 수 있다. 이와 같은 다각형의 성질은 앞서 든 예에서 볼 수 있듯 실생활에 여러모로 사용된다.

문제 **1** 다음 그림에서 서로 닮음인 두 삼각형을 찾아 기호로 나타내고, 이때의 닮음조건을 말하여라.

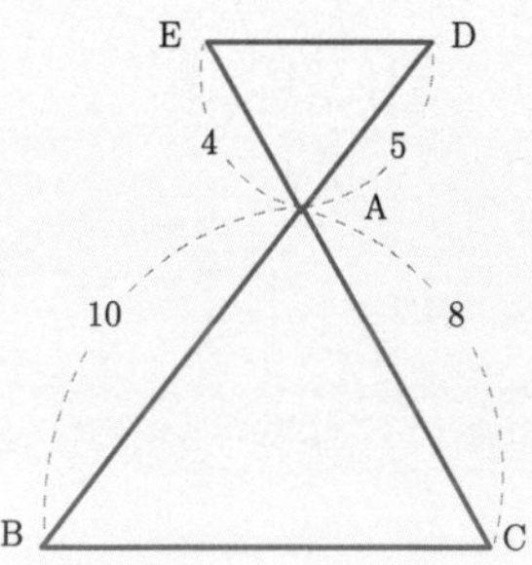

풀이 ∠A는 맞꼭지각으로 같고 $\overline{AE}:\overline{AC}=\overline{AD}:\overline{AB}=1:2$로 일정하므로 $\triangle ABC \backsim \triangle ADE$(SAS닮음).

답 SAS닮음

문제 **2** 다음 그림의 △ABC에서 ∠BAC=∠ADC=90°일 때, $x+y$의 값을 구하여라.

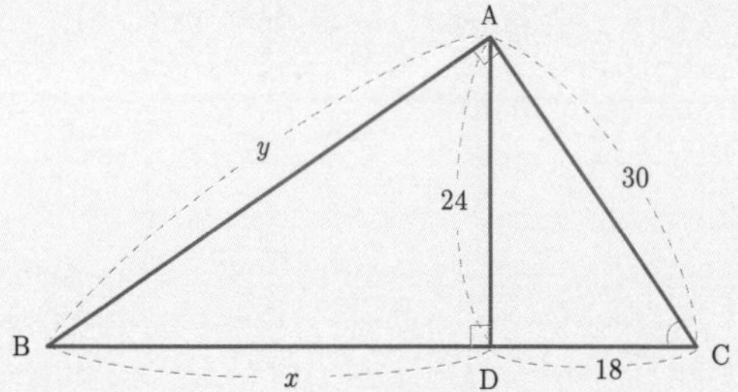

실력 Up

풀이 △ABC와 △DAC는 ∠BAC=∠ADC=90° 이고 ∠C는 공통각으로 같다.

따라서 △ABC∽△DAC∽△DBA이므로

$\overline{AC}:\overline{DC}=\overline{BC}:\overline{AC}=\overline{AB}:\overline{AD}$

$30:18=x+18:30=y:24$

둘씩 나누어 계산하면,

① $30:18=x+18:30$

$18x+324=900$

$18x=576$

$x=32$

② $30:18=y:24$

$18y=720$

$y=40$

답 $x+y=72$

문제 3 다음 그림의 △ABC에서 점 D, E는 각각 $\overline{AB}$, $\overline{AC}$의 중점이다. ∠x의 크기를 구하여라.

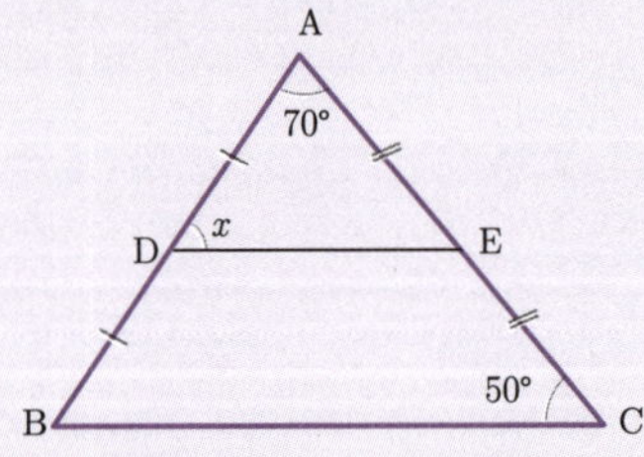

풀이 $\triangle ADE \backsim \triangle ABC$(SAS닮음)

$\angle A$는 공통각이고 $\overline{AD}:\overline{AB}=\overline{AE}:\overline{AC}=1:2$이므로,

$\overline{DE}:\overline{BC}=1:2$이다.

그리고 $\angle C = \angle AED$(동위각)

삼각형 내각의 합은 $180°$ 이므로,

$\angle A + \angle ADE + \angle AED = 70° + 50° + \angle x = 180°$

답 $\angle x = 60°$

문제 4 다음 그림에서 직각삼각형 ABC의 무게중심은 G, $\overline{AB}=12\text{cm}$이다. 이때 $\overline{CG}$의 길이를 구하여라.

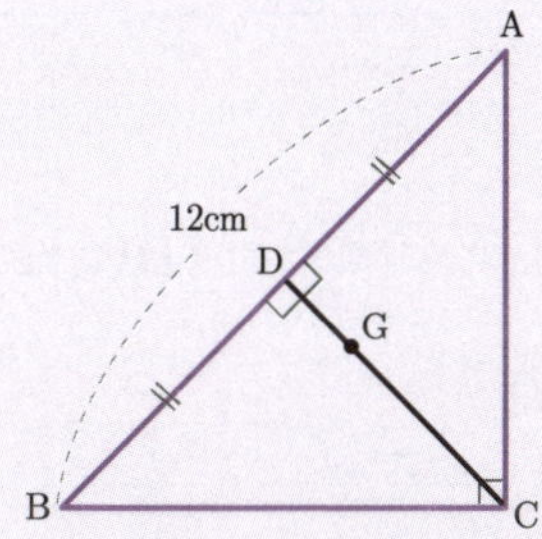

풀이 $\triangle ADC$와 $\triangle BDC$를 보면

$\overline{AD}=\overline{BD}$, $\angle ADC = \angle BDC$이며 $\overline{DC}$는 공통변이다.

따라서 $\triangle ADC \equiv \triangle BDC$(SAS합동)

$\angle A = \angle B = 45°$ (삼각형 내각의 합 $180°$)

$\overline{AD}=\overline{BD}=\overline{DC}=6\text{cm}$

실력 Up

무게중심 G는 꼭짓점에서 내린 수선을 2:1로 나누므로,

$\overline{CG}=6\times\frac{2}{3}=4\text{cm}$

답 $\overline{CG}=4\text{cm}$

문제 5 사다리꼴 ABCD에서 $\overline{AD}/\!/\overline{BC}$, $\overline{AD}=4\text{cm}$, $\overline{BC}=6\text{cm}$이고 $\triangle$AOD의 넓이가 16cm일 때 $\triangle$BOC의 넓이를 구하여라.

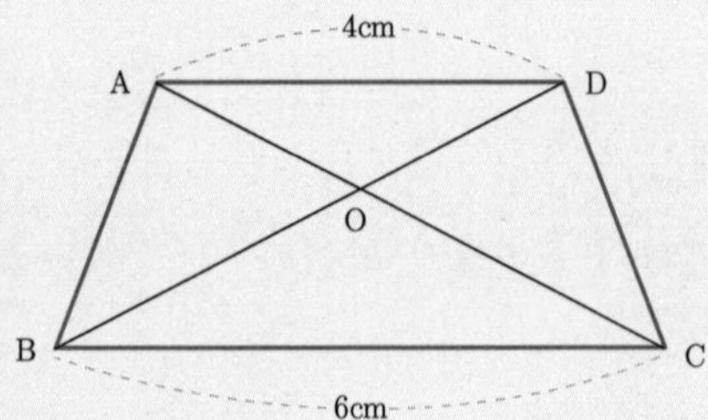

풀이 $\angle AOD=\angle COB$(맞꼭지각), $\angle ADB=\angle CBD$(엇각)으로 $\triangle AOD \backsim \triangle BOC$(AA닮음)

$\overline{AD}:\overline{BC}=4:6=2:3$이므로,

넓이의 비는 $2^2:3^2=16:x$

$4x=144$

$x=36$

답 $\triangle$BOC의 넓이$=36\text{cm}^2$

4 평면도형의 넓이

초등학교 때 배운 평면도형의 넓이 구하는 방법을 총 정리해보자.

도형의 둘레 길이

직사각형의 둘레의 길이=(가로+세로)×2

정사각형의 둘레의 길이=한변의 길이×4

다각형의 넓이

삼각형의 넓이=밑변×높이÷2

직사각형의 넓이=가로×세로

정사각형의 넓이=(한변의 길이)^2

평행사변형의 넓이=밑변×높이

사다리꼴의 넓이=(윗변+아랫변)×높이÷2

마름모의 넓이= 한 대각선의 길이×다른 대각선의 길이÷2

다각형의 넓이를 구하려면 그 다각형을 직사각형, 정사각형, 평행사변형, 삼각형 등으로 모양을 나누어서 계산하면 된다.

다각형 둘레의 길이도 구하고 넓이도 구할 수 있다면 '디도 여왕의 문제'에 도전해 보는 건 어떨까? 고대 그리스 시대에 카르타고의 디도 여왕이 새로운 도시 건설을 위해 땅을 사려 했다. 그 지역 대표가 쇠가죽을 주면서 그걸로 둘러싼 땅만큼만 팔겠다고 하자 디도 여왕은 쇠가죽을 가늘게 잘라서 만든 끈으로 둘러싸서 최대한 크게 땅을 샀다. 디도 여왕은 긴 끈으로 어떤 모양을 만들었을까? 이 문제는 고대부터 알려졌지만 19세기에 와서야 수학적으로 증명이 이루어졌다.

둘레가 같은 다각형 중에서 가장 넓이가 넓은 다각형은 무엇일까?

둘레의 길이가 같은 삼각형을 생각해보면 밑변의 길이가 같을 때 높이가 가장 높으면 넓이가 가장 넓다. 사각형은 가로와 세로의 길이가 같을 때 넓이가 가장 넓다. 따라서 정다각형이 같은 모양의 다각형 중에서 넓이가 가장 넓다. 그렇다면 둘레의 길이가 같은 다각형의 넓이를 비교하려면 정다각형의 넓이를 비교하면 된다.

둘레의 길이가 12cm일 때 정다각형의 넓이를 비교해보면

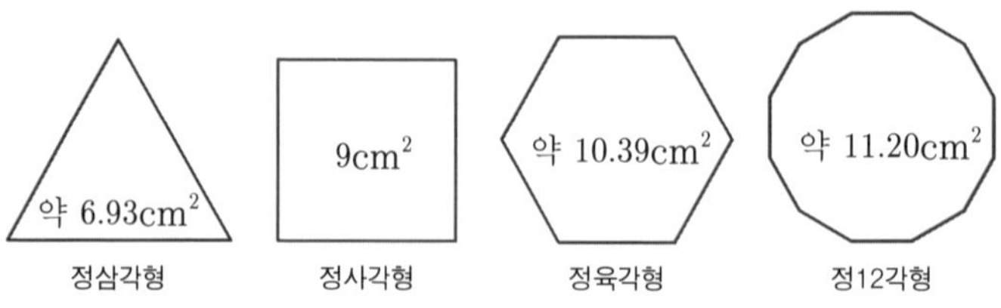

그림처럼 각이 많아질수록 넓이가 커진다. 각이 한없이 많아지면 결국 원이 되니 둘레의 길이가 같은 평면도형 중에서 가장 넓이가 넓은 평면도형은 원이다. 디도 여왕은 끈으로 원 모양을 만들었다.

평면도형의 지혜

꿀벌의 집은 왜 정육각기둥 모양으로 만들었을까? 분명 같은 둘레의 길이라면 원이 가장 넓다고 했다. 하지만 원은 다른 원과 붙였을 때 빈 공간이 많다. 그런데 꿀벌은 적은 밀랍으로 꿀을 가장 많이 넣을 수 있는 집을 짓고자 했기 때문에 원 모양을 택하지 않았다. 같은 모양으로 빈틈없이 깔 수 있는 모양은 정삼각형과 정사각형 그리고 정육각형 모양뿐이다. 또 같은 둘레의 길이라면 정육각형의 넓이가 가장 넓다. 그래서 벌집의 모양은 정육각형이다. 아주 과학적이고 수학적인 꿀벌의 지혜가 집대성된 것이다.

그렇다면 공원이나 도로의 바닥, 욕실의 타일 모양은 왜 대부분 정사각형일까?

시공업자가 정사각형을 좋아해서 모두 정사각형인걸까? 여기에도 수학적 원리가 숨어 있다.

여러 가지 평면도형 모양을 만들어 바닥에 펼쳐놓고 모양을 맞춰보자. 겹치지 않으면서 바닥을 빈틈없이 덮을 수 있는 평면도형은 생각보다 그리 많지 않다는 것을 알게 될 것이다.

이유는 평면도형끼리 맞닿을 때 그 각의 합이 360°여야만 바닥을 빈틈없이 덮을 수 있기 때문이다. 그래서 가능한 도형은 정삼각형, 정사각형 그리

고 정육각형뿐이다.

이렇게 하나 또는 여러 가지의 평면도형을 이용하여 빈틈없이 겹

정삼각형 6개가 붙은 모양

경복궁 담무늬

치지 않게 나열하는 활동을 테셀레이션이라고 한다. 하나의 정다각형만을 이용할 수도 있고 정삼각형, 정사각형, 정육각형을 서로 번갈아 이용하여 만들 수도 있다. 이슬람 문화권에서 카펫이나 타일, 천장 장식 등에서 흔하게 볼 수 있는 문양이며, 전북 부안의 내소사에 있는 대웅보전의 문창살 무늬에서도 볼 수 있다.

이는 고대인들의 수학 능력이 뛰어나 가능했을 수도 있지만 대부분 자연에서 발견한 문양을 따라하는 경우가 많았으리라고 추측하고 있다.

3장

원의 마법

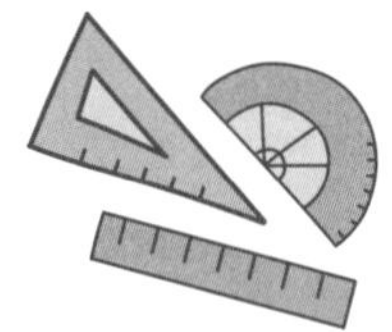

1 원과 부채꼴

고대 그리스의 철학자이자 수학자 아르키메데스는 원의 매력에 빠져서 원을 연구하는 데 일생을 보냈다.

포에니 전쟁 당시 카르타고 편에서 전쟁에 참여했던 아르키메데스는 태양빛을 이용해 로마의 군선을 태우기도 하고 기발한 무기를 개발해 로마군을 쳐부수기도 했다. 하지만 막강한 군사력을 자랑했던 로마군을 이길 수는 없어 아르키메데스가 살았던 시라쿠사는 결국 로마의 손에 떨어지고 말았다. 그런데 한 번 집중하면 그 무엇도 신경 쓰지 않고 연구에 몰두하던 아르키메데스였던지라 그날도 승전보를 울리며 도시를 파괴하는 로마군은 아랑곳하지 않고 바닥에 원을 그리며 연구에 몰두하고 있었다고 한다. 주변의 위험한 상황보다 연구에 눈이 먼 아르키메데스는 로마 군인이 원을 밟자 발을 치우라고 했고 이에 화가 난 로마 군인은 한칼에 아르키메데스를 죽였다고 한다. 그렇다면 그 위험 속에서도 아르키메데스가 빠져들었던 원의 매력은 무엇일까? 지금부터 원에 대하여 자세히 알아보자.

원이란 알다시피 한 점에서 같은 거리에 있는 점들을 모두 연결한 선으로, 자연에서 쉽게 찾아볼 수 있다. 옛날 사람들이 숭배하던 태양이나 달, 떨어지는 물방울이나 비눗방울 모두 원 모양이다.

원에서 기준이 되는 한 점은 원의 중심이며 중심과 떨어진 일정한 거리는 원의 반지름이라고 한다. 이제 직접 원을 그려 자세히 살펴보자.

그림처럼 원을 그린 뒤 원 위에 두 점 A, B를 잡아보자. 이 점들이 지나가는 길, 바로 원의 둘레가 원주이다. 이 두 점에 의해 원이 두 부분으로 나뉘어진다. 이때 두 점 A, B 사이의 둥근 부분을 호라고 한다($\overset{\frown}{AB}$).

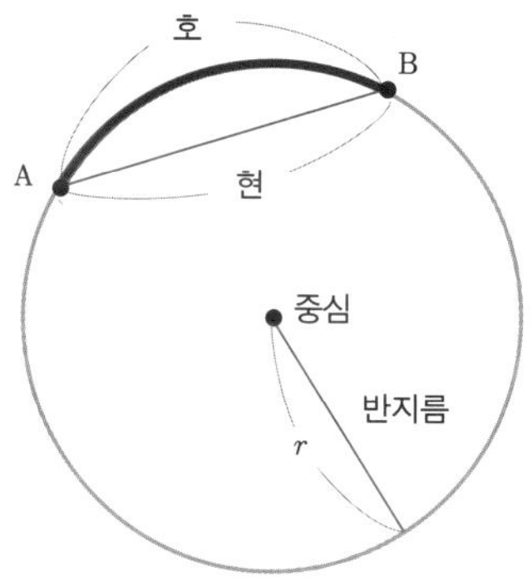

원 위의 두 점을 이은 선분은 현(현 AB 또는 $\overline{AB}$), 이 현들 중에서 가장 긴 현은 원의 중심을 지나는 지름이다. 호 AB와 현 AB로 이루어진 도형은 활꼴이다. 또 원 위의 두 점을 각각 중심과 연결하면 다음 그림처럼 피자 조각 같은 모양이 나오는데 이 모양이 부채꼴이다.

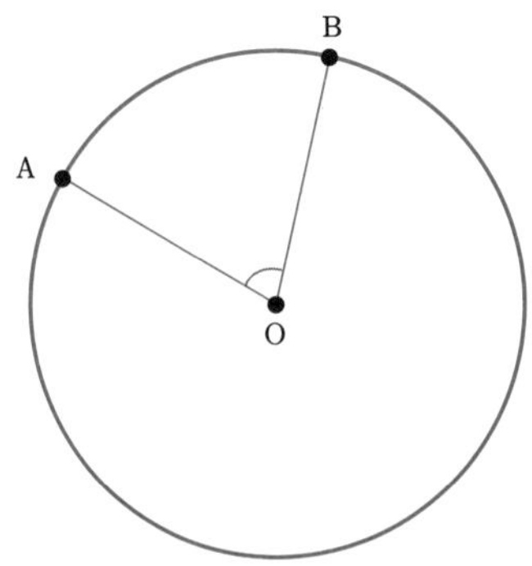

이 그림에서 ∠AOB를 중심각이라고 하며, 중심각의 크기가 같은 부채꼴을 포개면 호의 길이가 같다는 것을 확인할 수 있다. 따라서 중심각의 크기가 커지면 호의 길이는 길어지고 중심각의 크기가 작아지면 호의 길이는 작아진다. 즉 길이는 중심각의 크기에 정비례한다. 호의 길이처럼 부채꼴의 넓이도 중심각의 크기에 정비례한다.

이는 에라토스테네스가 지구의 크기를 잴 때 이용했던 성질이다.

그렇다면 현의 길이도 중심각의 크기에 비례할까?

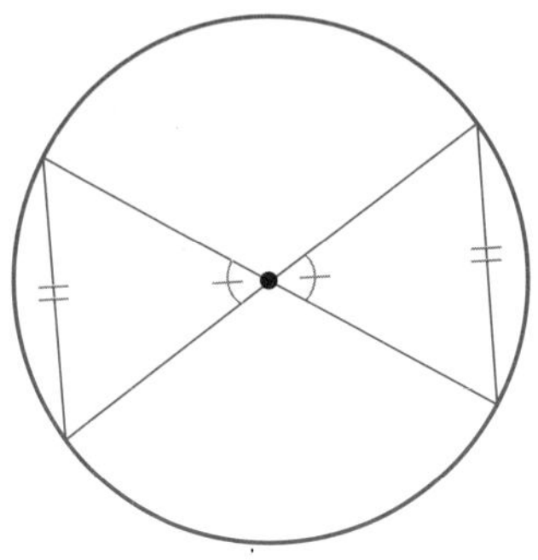

180°까지 중심각의 크기가 커질수록 현의 길이도 길어진다. 그러나 중심각의 크기가 180°보다 커지면 현의 길이는 오히려 작아진다. 중심각이 180°일 때 현의 길이가 원의 지름으로, 최대가 되기 때문이다. 따라서 현의 길이는 중심각의 크기에 비례하지 않는다.

아르키메데스가 원에 푹 빠진 이유는?

원은 지금까지 살펴본 도형들과는 다른 특징을 가진다. 그중 가장 큰 특징은 크기가 각각 다른 원이라도 원의 지름과 원의 둘레의 길이 사이에는 항상 같은 비율이 성립하는 것이다.

아르키메데스는 원주를 원의 지름값으로 나눈 값이 항상 일정하다는 것을 알고 그 값을 찾기 위해 많은 애를 썼다. 여러분도 잘 알고 있는 3.14라는 값이 아르키메데스를 사로잡은 것이다.

3.14는 원주율로, 원의 둘레를 표현하는 그리스어의 첫글자를 따서 'π'로 표시한다.

원의 지름과 한 변의 길이가 같은 정사각형과 원의 지름과 대각선의 길이가 같은 정육각형을 원에 겹쳐보자. 정사각형처럼 원의 바깥에 딱 겹쳐지는 것을 원에 외접한다고 하고 정육각형처럼 원의 안쪽에 딱 겹쳐지는 것을 원에 내접한다고 한다.

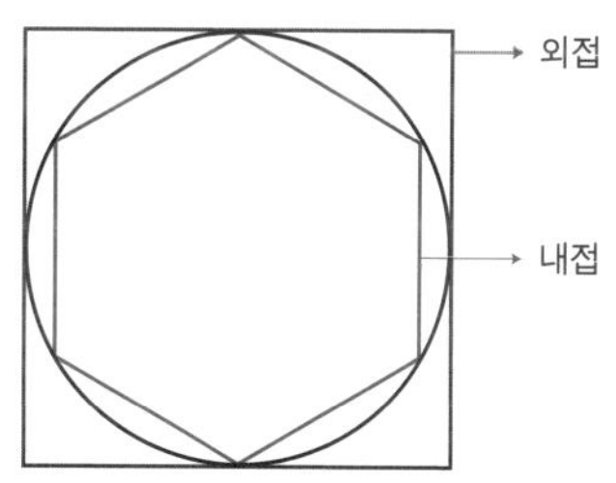

이 도형들의 둘레의 길이를 비교해보면 원주의 길이는 정사각형 둘레의 길이보다 작고 정육각형의 둘레의 길이보다 크다. 원의 지름

을 a로 놓으면 정사각형의 둘레는 $4a$, 정육각형의 둘레는 $3a$이다. 즉 원의 둘레는 $3a$ < 원주 < $4a$가 된다. 이 방법을 이용하여 아르키메데스는 원과 크기가 가장 비슷해지도록 원의 안과 밖에 정다각형을 그려서 둘레의 길이를 계산했다. 그리고 정구십육각형까지 그려서 3.140~3.142 사이에 원주율 값이 있다는 것까지 계산해냈다.

원주율 값은 오랜 수학의 역사 속에서 누가 더 길게 뒷자리를 찾아내는지 경쟁이 붙을 정도로 수학자들을 매료시켰다. 이는 최근까지 이어져 사람과 슈퍼컴퓨터 중 누가 더 길게 계산해내는지 시도되기도 했다. 하지만 현재는 원주율이 반복 없이 끝없이 이어지는 수라는 사실을 알고 π로 쓰거나 소수 둘째 자리까지만 계산한다.

원 둘레의 길이를 구하거나 원의 넓이를 구할 때 우리가 사용하는 공식을 떠올려보자.

원의 둘레의 길이 $= 2\pi r$

원의 넓이 $= \pi r^2$

공식을 모른다면 원의 둘레는 어떻게 구할까? 가장 간단한 방법은 끈으로 원의 둘레를 둘러서 그 길이를 재면 된다. 아르키메데스가 구한 원주율로 원의 둘레 길이를 구하면 다음과 같은 익숙한 공식이 만들어진다.

원주(원의 둘레) = **원주율** × **지름** = $\pi \times 2r$

그렇다면 원의 넓이는 어떻게 구할까? 오랜 역사 속에서 소개된 여러 가지 방법 중 그림처럼 원을 지름으로 무수히 잘라 아주 작은 부채꼴을 만드는 방법을 먼저 살펴보자.

아래 부채꼴을 잘라 지그재그로 쭉 늘어뜨리면 오른쪽 그림처럼 직사각형에 가까운 모양이 된다.

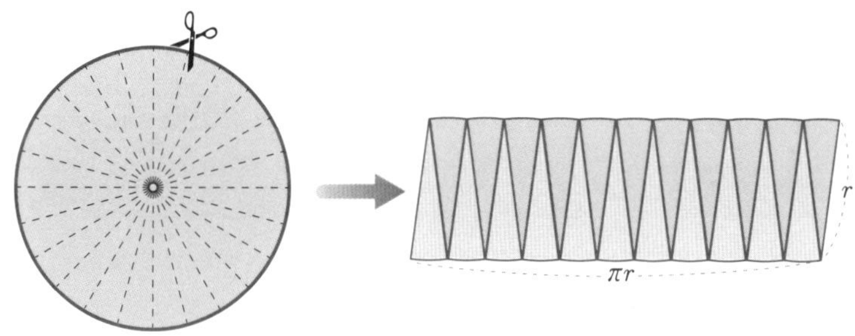

직사각형의 짧은 변의 길이는 반지름 r이고 긴 변의 길이는 원주의 반인 πr이다(왜 그런지는 조금만 살펴봐도 알 수 있을 것이다).

이 직사각형의 넓이는 $r \times \pi r = \pi r^2$이므로 원의 넓이도 πr^2이다.

둘레의 길이가 같다면 사각형 중에서는 정사각형의 넓이가 가장 크다. 그래서 이집트에서는 땅을 정사각형으로 나눠서 백성들에게 분배했다. 그런데 원까지 포함시킨다면 둘레의 길이가 같을 때 넓이가 가장 넓은 것은 원이다.

여담이지만 친구들과 피자를 먹을 때 좀 더 큰 조각을 먹고 싶다면 부채꼴의 넓이 구하는 방법을 알면 된다.

부채꼴의 넓이를 구하는 방법은 두 가지가 있다.

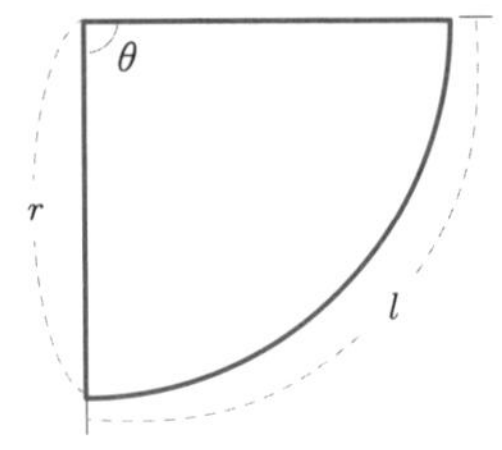

먼저 반지름의 길이(r)와 중심각의 크기(θ)를 알았을 때,

$$부채꼴의\ 넓이(S)=\pi r^2\times\frac{\theta}{360°}$$

반지름의 길이(r)와 부채꼴의 호의 길이(l)를 알았을 때,

$$부채꼴의\ 넓이(S)=\frac{1}{2}\cdot rl$$

부채꼴의 호의 길이 (l)은 어떻게 구하냐고? 부채꼴의 호의 길이는 중심각의 크기에 정비례하므로

$$부채꼴의\ 호의\ 길이(l)=2\pi r\times\frac{\theta}{360}$$

어떤 식을 이용하든 큰 피자를 고를 때 중요한 것은 중심각이 큰 것을 골라야 한다는 것이다. 물론 명백한 크기 차이가 나는 피자 조각들이라면 날쌘 사람이 큰 피자를 차지하는 주인공임도 잊지 말아야 한다!

2 원과 직선

비 오는 날 우산을 빙글빙글 돌리면 우산 끝에 맺힌 물방울들이 날아가는 것을 경험해본 적이 있을 것이다. 우산이 빙글빙글 돌면서 원 운동을 할 때 우산 끝에 맺힌 물방울들이 날아가는 방향은 제각각일까? 아니면 정해진 방향이 있을까?

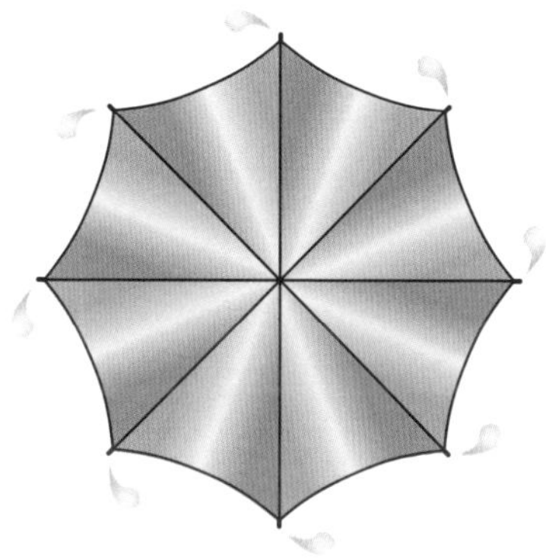

우산을 돌리면 물방울이 날아간다

마침 비가 오면 더 좋겠지만 오지 않아도 주전자와 우산, 사람 1을 준비해 직접 실험해보자. 그림처럼 우산이 돌고 있는 원의 접선 방향으로 물방울들이 날아가는 것을 보게 될 것이다. 즉 일정한 방향으로 움직이는 것이다. 그렇다면 원의 접선이란 무엇일까?

먼저 원의 중심에서 현으로 수선을 그어 살펴보자.

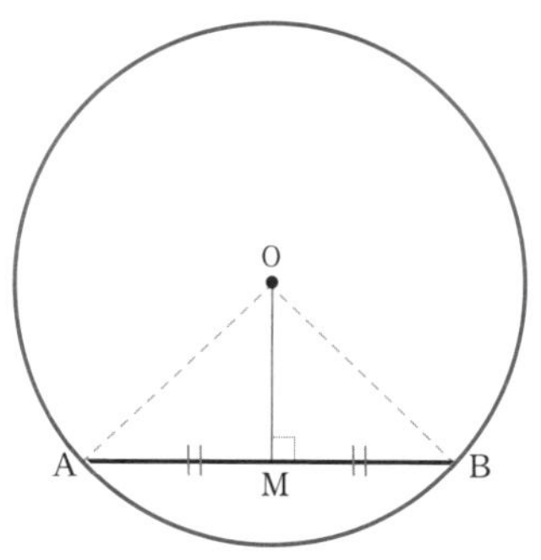

원에 현을 그리고 중심으로부터 수선을 긋는다

$\overline{OA}=\overline{OB}$이고 $\overline{OM}$은 공통변이므로 $\overline{AM}=\overline{BM}$이다.

원의 중심에서 현으로 내린 수선은 그 현을 수직이등분하는 것을 알 수 있다. 이번에는 현을 그대로 평행이동시켜 원과 한 점에서 만나도록 쭉 내려보자.

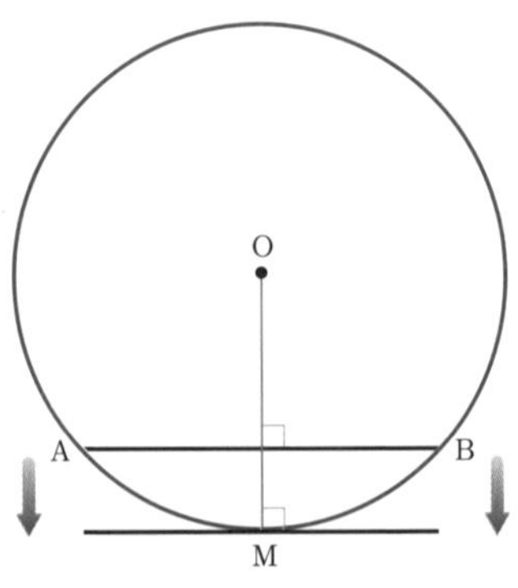

현을 아래로 평행이동시켰다

그림처럼 원과 한 점에서 직선이 만날 때 이 직선은 원에 접하며 이를 원의 접선이라고 한다.

그렇다면 이 접선과 원의 중심은 어떤 관계에 있을까?

원의 중심과 수직으로 만났던 현을 그대로 평행이동시킨 것이므로, 원의 중심에서 접선으로 선을 그으면 이 선은 접선과 수직으로 만난다. 이는 원의 무수한 점마다 중심과 수직으로 만나는 접선이 존재한다는 것을 뜻한다.

과기총(한국과학기술단체 총연합회)에서 조사한 바에 의하면 2025년 가장 주목받은 과학뉴스 중 하나로 '누리호 4차 발사 성공'이 뽑혔다. 2025년 11월에 누리호에 실려 발사한 차세대 중형위성 3호는 약 600km 상공에서 하루에 약 15회 지구를 돌면서 오로라 관측, 대기광 관측, 줄기세포 실험 등 우주 기술을 확보하고 우주 과학 연구를 위한 다양한 임무를 수행하고 있다.

위성 발사 전인 아틀라스 1호

차세대 중형위성 3호를 비롯해 세계 각국에서 쏘아올린 인공위성들은 어떻게 떨어지지 않고 지구 주위를 빙글빙글 돌 수 있는 것일까?

인공위성들은 지구의 중력에 의해 작용하는 구심력과 돌면서 밖으로 나가려는 원심력이 합쳐져서 궤도의 접선방향으로 끊임없이 움직이고 있는 중이다. 이것은 끈을 매단 깡통에 불을 붙여 끈을 잡고 돌리면 빙글빙글 돌아가는 쥐불놀이와 같은 원리이다. 끈을 잡아 돌리는 손의 힘이 구심력이고 손에서 빠져나가려는 깡통의 힘이 원심력이다. 이제 이 접선의 성질을 알아보기 위해 원의 외부에 있는 한 점에서 만나는 두 접선을 비교해보자.

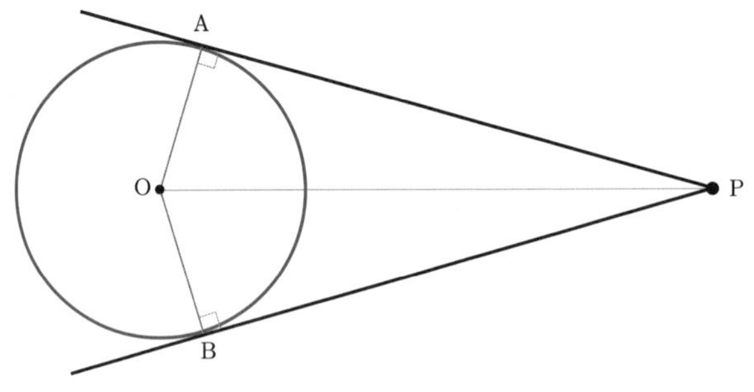

한 점 P에서 원에 그은 두 접선

외부의 점을 P로 하고 두 접선이 원과 만나는 점을 각각 A, B로 표시한다.

점 P와 원의 중심 O를 연결하면 △APO와 △BPO가 만들어진다.

$\overline{OA}=\overline{OB}$이며 $\overline{PO}$는 공통인 변이다.

$\angle PAO=\angle PBO=90^\circ$ 이므로 $\triangle APO\equiv\triangle BPO$

따라서 $\overline{PA}=\overline{PB}$이다.

자전거 바퀴가 지면에 닿은 모습을 떠올리면 두 원 사이의 접선에 대해서도 좀 더 쉽게 이해할 수 있을 것이다. 물론 자전거의 체인도 원과 접선의 관계이다.

원주각

탈레스의 반원에 대하여 들어본 적이 있는가?

젊은 시절 여러 나라를 돌아다니며 장사를 하던 탈레스는 이집트의 기술자들이 두 점을 지름으로 하는 원을 그려서 그 원주각이 직각임을 이용하여 직각을 그린다는 것을 알았다. 하지만 이집트의 기술자들은 왜 그 원주각이 직각인지에 대해서는 궁금해하지 않았다. 이집트의 수학은 실용적인 면에서만 존재를 했던 것이다. 그런데 철학적 사고가 발달한 그리스는 달랐다. '왜?'라는 질문을 끊임없이 하며 이를 증명하기 위해 그리스의 학자들은 노력했고, 그 최전방에 탈레스가 있었다.

탈레스는 왜 지름 위의 원주각이 직각인지에 대해 열심히 연구해 지름 위의 모든 원주각이 직각임을 증명했다. 이를 탈레스의 반원이라고 한다.

지금부터 이 원주각을 살펴보고자 한다.

그림처럼 원주 위에 정해진 두 점 A, B와 움직이는 점 P가 있을 때 ∠APB를 원주각이라고 한다.

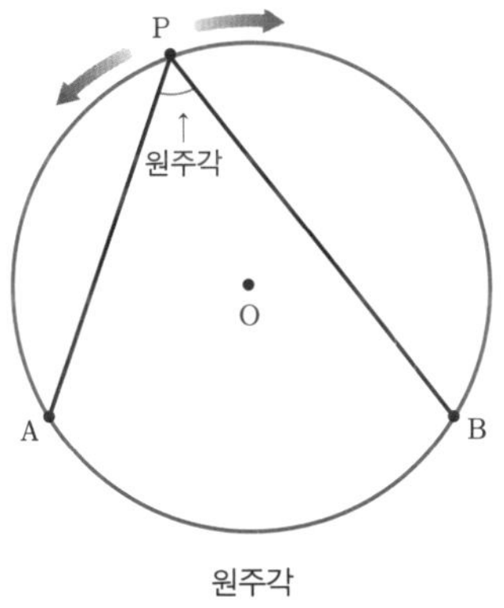

원주각

점 P는 원주 위 어디로나 움직일 수 있다. 그만큼 다양한 원주각이 존재한다.

그중 두 점 A, B를 지름으로 하는 원에서 $\angle$APB의 크기를 구해보자.

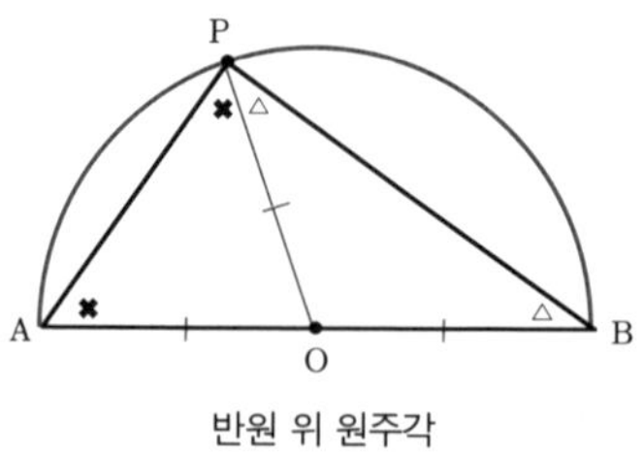

반원 위 원주각

이 그림을 통해 우리가 아는 사실은 $\overline{OA}=\overline{OB}=\overline{OP}$(원의 반지름이므로)이다. 이에 따라 $\triangle$APO와 $\triangle$BPO는 이등변삼각형이다.

이제 잠시 이등변삼각형의 성질을 떠올려보자. 이등변삼각형의 두 밑각의 크기는 같으므로,

$\angle OPA=\angle OAP$, $\angle OPB=\angle OBP$이다.

그런데 $\triangle$ABP를 보면 삼각형의 내각의 합은 $180°$이므로,

$\angle OPA+\angle OAP+\angle OPB+\angle OBP=180°$

$2(\angle OPA+\angle OPB)=180°=2\angle P$

따라서 $\angle P=90°$이다.

이는 P의 위치가 어디에 있든지 같은 방법으로 $\angle P=90°$임을 알 수 있다.

그렇다면 두 점 A, B가 지름이 아닐 때 원주각은 중심각과 어떤 관계가 있을까?

두 점 A, B가 지름일 때 중심각은 180°, 이때 원주각은 직각이었으니 혹시 지름이 아닐 때도 중심각이 원주각의 2배인 것은 아닐까? 의문이 생겼다면 직접 확인해보는 즐거움을 누려보자. 이를 위해 다음 그림에서 ∠AOB와 ∠APB의 관계를 살펴보자.

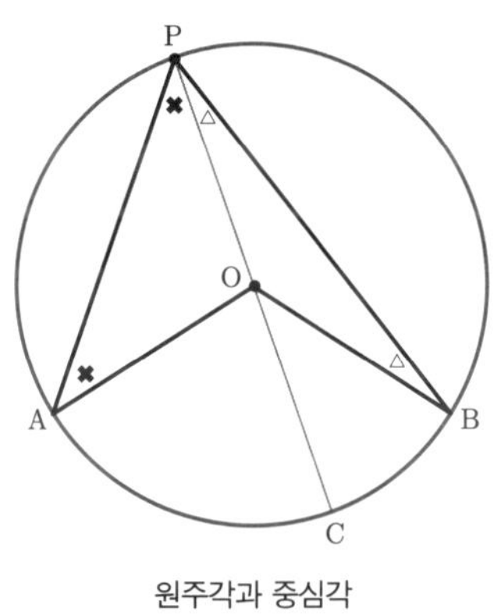

원주각과 중심각

점 P, O를 지나는 지름을 그어서 원주와 만나는 점을 C로 한다.

△AOP와 △BOP는 각각 이등변삼각형이다. 이는 다음과 같은 성질을 갖는다.

$\angle OPA = \angle OAP$, $\angle OPB = \angle OBP$

그런데 △AOP에서 $\angle OPA + \angle OAP + \angle POA = 180°$ 이고,

$\angle POA + \angle AOC = 180°$ (평각이므로)이다.

$\angle POA = 180° - (\angle OPA + \angle OAP)$이므로,

$\angle AOC = \angle OPA + \angle OAP = 2\angle OPA$이다.

또한 △BOP에서 $\angle OPB + \angle OBP + \angle POB = 180°$ 이고,

$\angle POB + \angle BOC = 180^\circ$ (평각이므로)이다.

$\angle POB = 180^\circ - (\angle OPB + \angle OBP)$이므로,

$\angle BOC = \angle OPB + \angle OBP = 2\angle OPB$이다.

이에 따라 $\angle APB = \angle OPA + \angle OPB$이고

$$\begin{aligned}\angle AOB &= \angle AOC + \angle BOC \\ &= 2\angle OPA + 2\angle OPB \\ &= 2\angle APB\end{aligned}$$

즉 중심각의 크기는 원주각의 크기의 2배이다.

따라서 호 AB에 대한 원주각의 크기는 모두 같으며 그 중심각의 $\frac{1}{2}$이라는 사실을 알 수 있다.

계속해서 현과 원의 접선 사이에는 어떤 관계가 있는지 알아보자.

직선 L이 원과 점 A에서 만날 때 접점을 지나는 현 AB를 그으면 다음 그림과 같다.

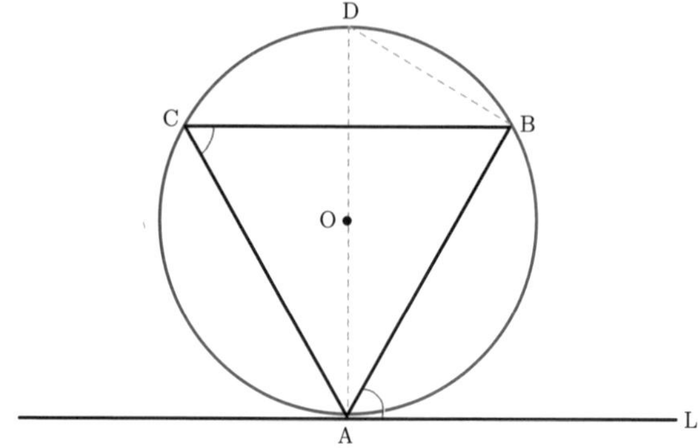

중심과 접점을 지나는 지름을 긋고 원주와 만나는 점을 D로 놓는다.

그 결과 $\angle OAL = 90^\circ$이므로 $\angle BAL = 90^\circ - \angle BAD$이다.

그런데 $\angle DBA$는 반원의 원주각이므로 90°이다. 이에 따라

$\angle BDA = 90^\circ - \angle BAD$가 된다.

따라서 $\angle BAL = \angle BDA$이다.

그런데 호 AB에 대한 원주각의 크기는 다 같으므로,

$\angle BDA = \angle BCA$

$\therefore \angle BCA = \angle BAL$

즉 원의 접선과 그 접점을 지나는 현이 이루는 각의 크기는 그 현이 있는 작은 호에 대한 원주각의 크기와 같다.

원의 두 현이 만날 때 그 접점과는 어떤 관계가 있는지 알아보자. 원의 두 현 AB, CD가 만나는 점을 P라고 하면 다음 그림과 같다.

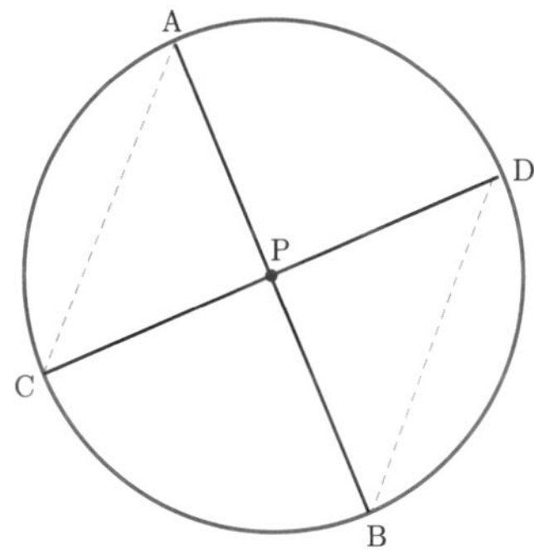

각 점을 연결하여 $\triangle APC$와 $\triangle DPB$를 만든다.

$\angle APC = \angle DPB$(맞꼭지각)

$\angle APC = \angle PBD$(호 AD에 대한 원주각)

이므로 $\triangle APC \backsim DPB$(AA)닮음이다

닮음비로 하면 $\overline{PA}:\overline{PD}=\overline{PC}:\overline{PB}$이므로

$\overline{PA}\cdot\overline{PB}=\overline{PD}\cdot\overline{PC}$이다.

두 현의 연장선이 점 P에서 만날 때도 같다.

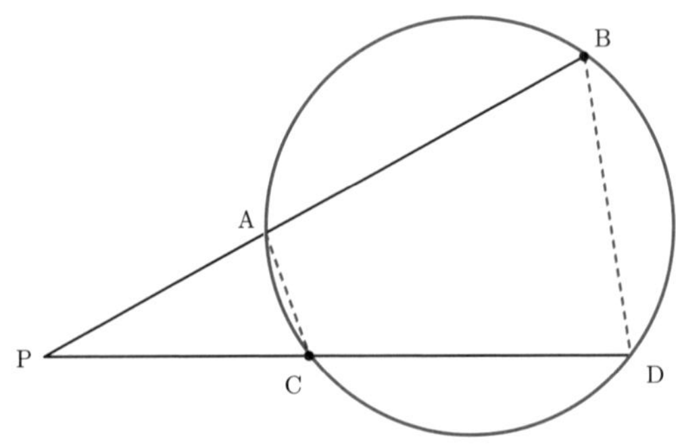

$\triangle PCA \backsim \triangle PDB$

$\angle PCA = \angle ABD$이고 $\angle P$는 공통이므로 AA닮음이기 때문이다.

3 다각형과 원

아르키메데스는 원주율을 구할 때 원 안팎으로 최대한 들어맞는 정다각형을 그려서 그 둘레의 길이를 구했다고 앞에서 이야기했다.

이렇게 다각형의 모든 꼭짓점이 원의 둘레 위에 있을 경우 그 다각형은 원에 내접했다고 하고 그 원을 다각형의 외접원이라고 한다.

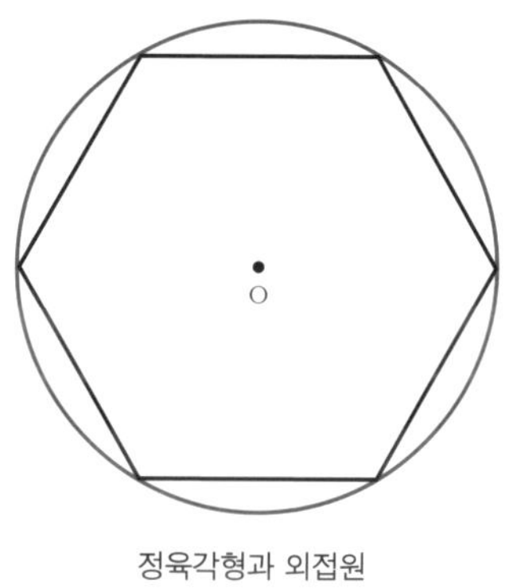

정육각형과 외접원

이때 원의 중심 O는 외접원의 중심, 즉 외심이다. 또한 다각형의 모든 변이 원의 둘레와 만날 경우 그 다각형은 원에 외접했다고 하고 원은 다각형의 내접원이라고 한다.

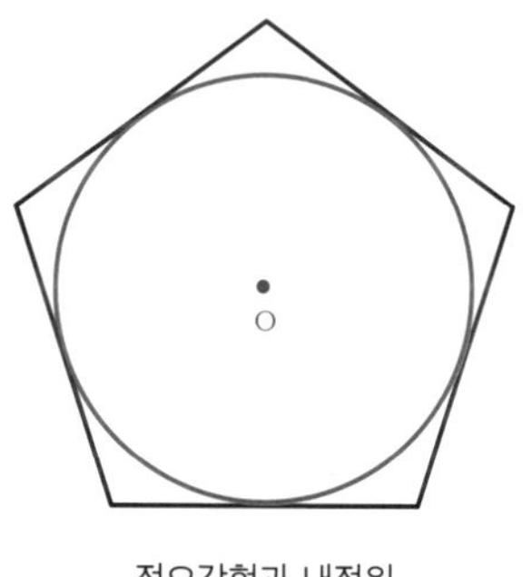

정오각형과 내접원

이때 원의 중심 O를 내접원의 중심, 곧 내심이라고 한다.

지금부터는 삼각형을 이용하여 외심과 내심의 성질을 알아보자.

삼각형의 외심

삼각형에 외접하는 원의 중심을 외심이라고 한다. 이를 좀 더 쉽게 이해하기 위해 △ABC의 외접원을 그려보자. 어떻게 그리면 될까?

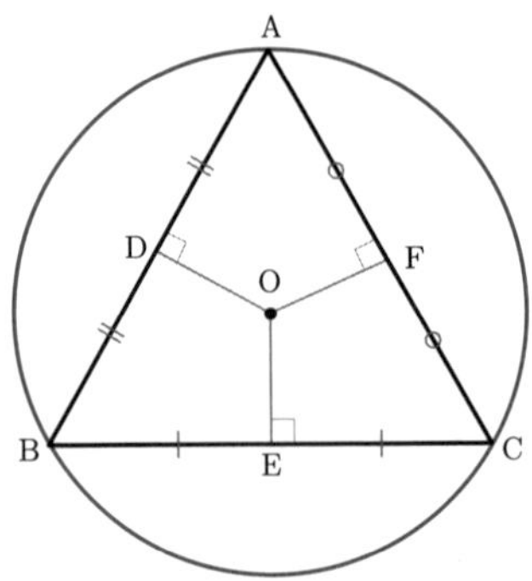

△ABC 각 변의 중점에서 수직으로 각각 선을 긋는다

$\overline{AB}$, $\overline{BC}$, $\overline{AC}$는 외접원의 현이 되어야 한다.

여러분은 앞에서 원의 중심에서 현으로 수선을 내리면 현을 이등분한다고 했던 것을 기억할 것이다. 따라서 $\overline{AB}$, $\overline{BC}$, $\overline{AC}$의 중점인 D, E, F에서 각각 수직으로 선을 긋는다.

이 세 선이 만나는 점 O가 바로 외심이다.

이제 이 점이 외접원의 중심이 맞는지 확인해보자.

점 O에서 삼각형의 꼭짓점 A, B, C로 선을 긋는다.

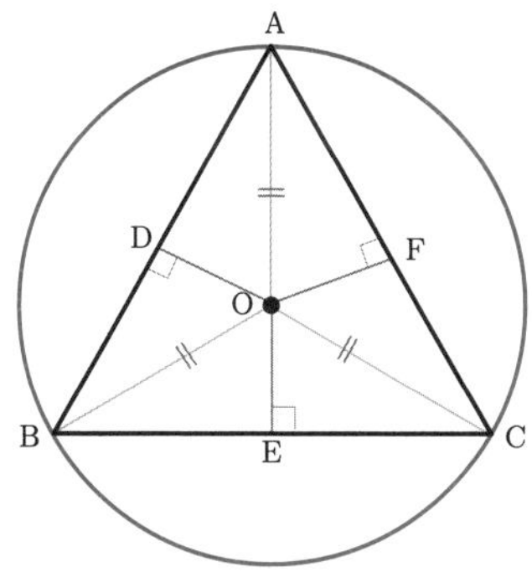

외접원의 중심에서 삼각형의 꼭짓점으로 선을 연결했다

△AOB에서 $\overline{OD}$는 수직이등분선이며 공통인 변이다. 또 $\overline{AD}=\overline{BD}$이므로 △AOD≡△BOD (SAS합동)이다.

따라서 $\overline{OA}=\overline{OB}$이다.

△BOC에서 $\overline{OE}$는 수직이등분선이며 공통인 변이다. 또 $\overline{BE}=\overline{CE}$이므로 △BOE≡△COE (SAS합동)

따라서 $\overline{OB}=\overline{OC}$이다.

그러므로 $\overline{OA}=\overline{OB}=\overline{OC}$, 즉 원의 정의에 따라 점 O는 삼각형의 외접원의 중심, 외심이 맞다.

종이접기로 쉽게 외심을 찾을 수 있다. 두 꼭지점이 만나도록 한 변을 접으면 그 변의 중점을 지나면서 수직인 선이 만들어진다. 다른 한 변도 마찬가지로 접으면 접힌 두 선이 만나는 점이 외심이다. 그런데 예각삼각형일 경우에는 외심이 삼각형 내부에 있지만 직각삼각형일 경우에는 빗변의 중점이 외심이 된다. 둔각삼각형일 경우에는 외심이 삼각형 바깥에 위치한다.

여기서 기억해둘 것은 삼각형의 외심은 각 변의 중점에서 수직으로 그은 선이 만나는 점이면서 외심에서 삼각형의 각 꼭짓점까지 이르는 거리가 같은 점이라는 것이다.

삼각형의 내심

이번에는 삼각형의 내심을 살펴보자. 삼각형에 내접하는 원의 중심이 내심이었다. 이제 △ABC의 내심을 그려보자.

외심에서와 마찬가지로 △ABC와 내접원이 만나는 접점을 D, E, F로 놓으면 다음 그림과 같다.

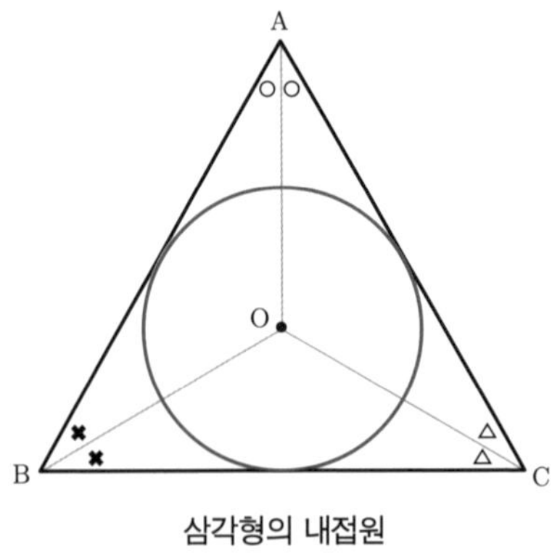

삼각형의 내접원

∠A, ∠B, ∠C에서 각을 이등분한 선을 그으면 한 점에서 만난다. 이 점 O가 바로 내심이다.

이제 내심이 맞는지 확인해보자.

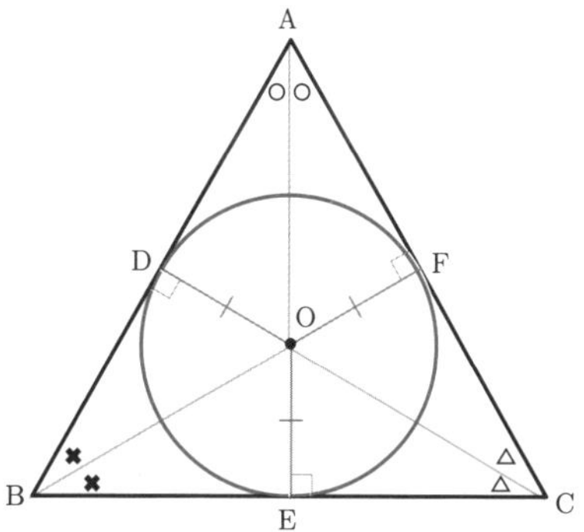

$\overline{AD}$와 $\overline{AF}$는 한 점 A에서 원에 그은 두 접선이므로 $\overline{AD}=\overline{AF}$이고 $\angle ADO=\angle AFO=90^{\circ}$이다.

$\overline{AO}$는 $\angle A$를 이등분하면서 공통인 변이므로 $\triangle ADO \equiv \triangle AFO$(SAS합동)이다.

따라서 $\overline{DO}=\overline{FO}$

$\overline{BD}$와 $\overline{BE}$는 한 점 B에서 원에 그은 두 접선이므로 $\overline{BD}=\overline{BE}$이고 $\angle BDO=\angle BEO=90^{\circ}$이다.

$\overline{BO}$는 $\angle B$를 이등분하면서 공통인 변이므로 $\triangle BDO \equiv \triangle BEO$(SAS합동)이다.

따라서 $\overline{DO}=\overline{EO}$

그렇다면 $\overline{DO}=\overline{EO}=\overline{FO}$이므로 점 O는 내접원의 중심, 즉 내심이 맞다.

종이접기로 내심을 찾아보자. 꼭지점 A와 연결된 양 변을 서로 겹치게 접는다. 꼭지점 B와 연결된 양 변도 서로 겹치게 접는다. 접힌 두 선이 만나는 점이 내심이다.

외심-외접원의 중심

삼각형의 세 변을 수직이등분한 선이 만나는 점.

삼각형의 각 꼭짓점에서 같은 거리에 있는 점.

내심-내접원의 중심

삼각형의 세 각을 이등분한 선이 만나는 점.

삼각형의 세 변에서 같은 거리에 있는 점.

실력 Up

문제1 다음 한 변의 길이가 6㎝인 정사각형에서 색칠한 부분의 둘레의 길이를 구하여라.

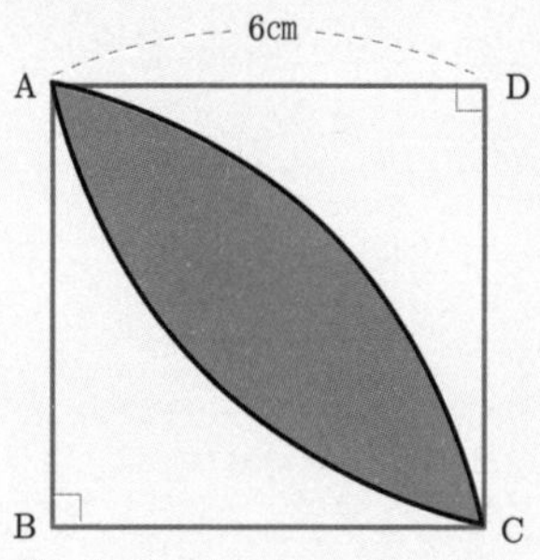

풀이 □ABCD에서 색칠한 부분의 둘레의 길이는 부채꼴 ABC의 호의 길이와 부채꼴 ADC의 호의 길이를 더한 값이다. 부채꼴 ABC와 부채꼴 ADC는 합동이므로, 색칠한 부분의 둘레의 길이는 부채꼴 ABC의 호의 길이×2이다.

부채꼴 ABC의 호의 길이는,

$$2\pi r\times\frac{\theta}{360^\circ}=2\pi\times6\times\frac{90^\circ}{360^\circ}$$

$$=12\pi\times\frac{1}{4}$$

$$=3\pi$$

색칠한 부분의 둘레의 길이는 부채꼴 ABC가 2개 더해진 것이므로 $3\pi\times2=6\pi$ 이다.

답 둘레의 길이 $=6\pi$

실력 Up

문제 **2** 아래 그림과 같은 부채꼴의 넓이를 구하여라.

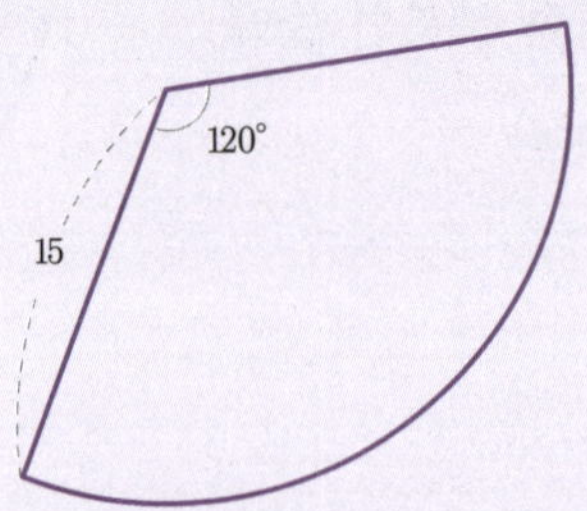

풀이 부채꼴의 넓이는 $\pi r^2 \times \dfrac{\theta}{360^\circ}$이므로,

$$\pi \times 15^2 \times \frac{120^\circ}{360^\circ} = 225\pi \times \frac{1}{3}$$

$$= 75\pi$$

답 75π

문제 **3** 다음은 점 P에서 그은 두 접선이 원과 만나는 점을 각각 A, A′로 놓았다. ∠APA′=65°일 때 ∠AOA′의 크기를 구하여라.

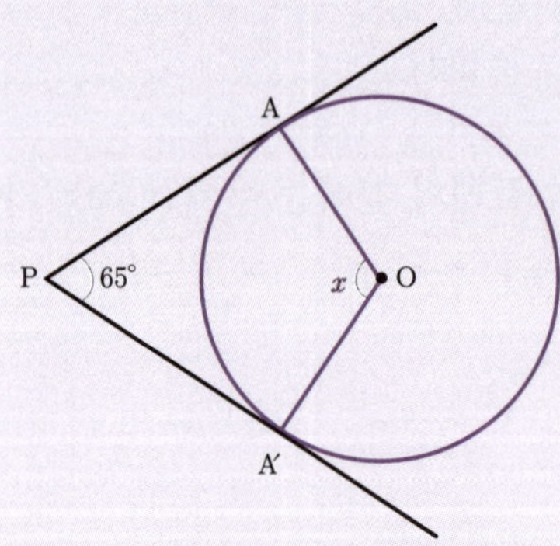

풀이 접선은 원과 수직으로 만나므로

$\angle OAP = \angle OA'P = 90°$

$\angle APA' = 65°$

□APA′O의 내각의 합은 360° 이므로

$\angle OAP + \angle OA'P + \angle APA' + \angle AOA'$

$= 90° + 90° + 65° + \angle AOA'$

$= 360°$

$\angle AOA' = 360° - 245°$

$= 115°$

답 115°

문제 4 다음 그림에서 $\angle x$의 크기를 구하여라.

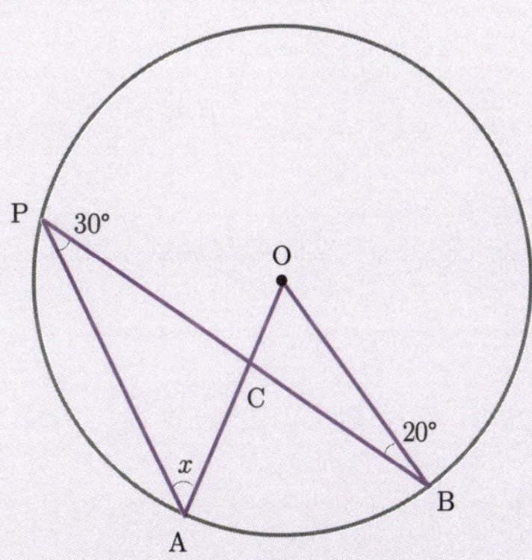

풀이 원주각과 중심각 사이의 관계를 먼저 알아야 한다.

중심각은 원주각의 크기의 2배이므로(106p 설명 참조)

$\angle APB = 30^\circ$ 이면 $\angle AOB = 60^\circ$ 이다.

$\angle OBC = 20^\circ$ 이므로 $\angle OCB = 100^\circ$

(삼각형의 내각의 합은 180°)

$\angle OCB = \angle PCA = 100^\circ$ (맞꼭지각)

따라서 $\angle PAC = 180^\circ - (\angle PCA + \angle APB)$

$= 180^\circ - 130^\circ = 50^\circ$

답 $\angle PAC = 50^\circ$

문제 5 다음 그림처럼 원에 접선이 지날 때, $\angle x$의 크기를 구하여라.

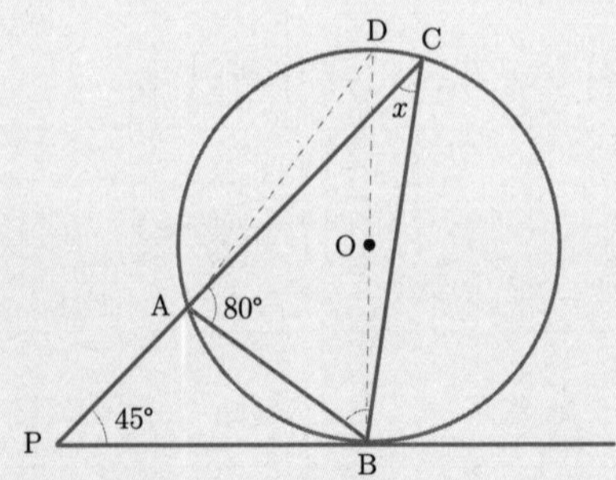

풀이 접점 B에서 원의 중심을 지나는 선을 그어 원과 만나는 점을 점 D로 놓는다.

$\angle DBP = 90^\circ$ (중심에서 그은 선은 접선과 수직으로 만난다)

$\angle ABP = 90^\circ - \angle DBA$

그런데 $\angle DAB=90^\circ$(반원의 원주각)이므로

$\angle ADB=90^\circ-\angle DBA$

따라서 $\angle ABP=\angle ADB$가 된다.

또 $\angle ADB=\angle ACB$(같은 호에 대한 원주각)이므로,

$\angle ABP=\angle ACB$ …①

$\triangle ABP$에서 $\angle PAB=180^\circ-\angle CAB$

$=100^\circ$이고 $\angle APB=45^\circ$이므로

삼각형의 내각의 합은 180°에 의하여

$\angle ABP=180^\circ-(100^\circ+45^\circ)=35^\circ$이다.

그러므로 ①에 의해

답 $\angle ACB=35^\circ$

문제 6 점 O는 $\triangle ABC$의 외심이다. 이때 $\angle x$의 크기를 구하여라.

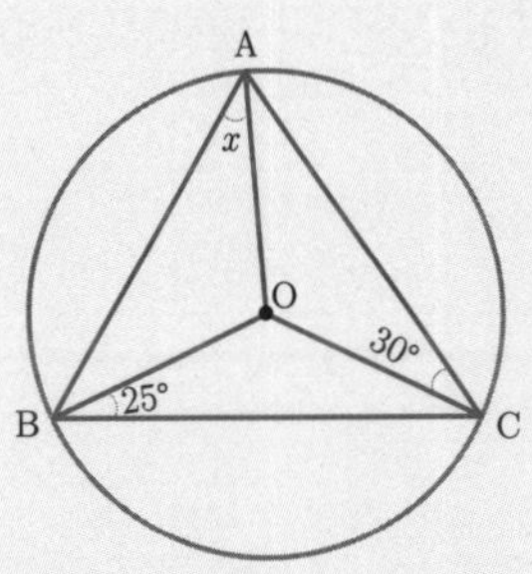

풀이 외심은 외접원의 중심이므로

$\overline{AO}=\overline{BO}=\overline{CO}$로

실력 Up

$\triangle$OAB, $\triangle$OBC, $\triangle$OCA는 모두 이등변삼각형이다.

따라서 $\angle\text{OBC}=\angle\text{OCB}=25^\circ$

$\angle\text{OCA}=\angle\text{OAC}=30^\circ$

$\angle\text{OAB}=\angle\text{OBA}=\angle x$

$\triangle$ABC의 내각의 합은 180°이므로

$$\angle\text{OBC}+\angle\text{OCB}+\angle\text{OCA}+\angle\text{OAC}+\angle\text{OAB}+\angle\text{OBA}=180^\circ$$

$25^\circ+25^\circ+30^\circ+30^\circ+\angle x+\angle x=180^\circ$

$2\times\angle x=180^\circ-110^\circ=70^\circ$

$\therefore\ \angle x=35^\circ$

답 $\angle x=35^\circ$

문제 7 점 O는 이등변삼각형 ABC의 내심이고 $\overline{\text{BC}}=4\text{cm}$, $\overline{\text{OD}}=1\text{cm}$일 때 이등변삼각형 ABC의 넓이가 8cm^2이다. 이때 $\overline{\text{AC}}$의 길이를 구하여라.

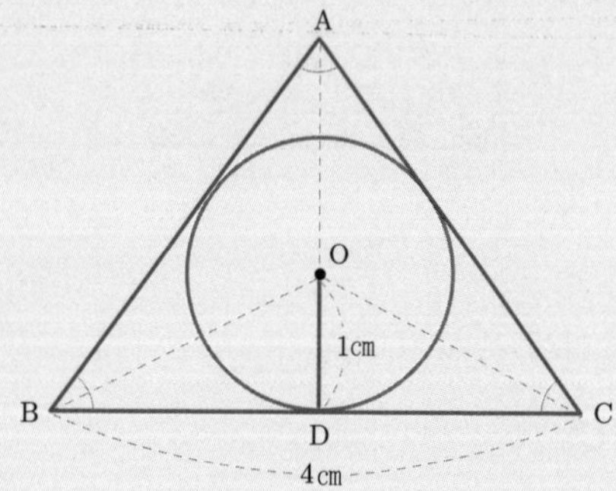

풀이 점 O는 이등변삼각형 ABC의 내심이라 했으므로 점 O에서 이등변삼각형 ABC의 각 변에 수선을 그으면 그 길이는 모두 같다.

또 이등변삼각형이므로 $\overline{AB}=\overline{AC}$이며

$\triangle OAB=\triangle OAC$가 성립한다.

이등변삼각형 ABC의 넓이=

$\triangle OAB$의 넓이+$\triangle OAC$의 넓이+$\triangle OBC$의 넓이

$\triangle OBC$의 넓이는 $\frac{1}{2}\times4\times1=2cm^2$이므로

$\triangle OAB$의 넓이+$\triangle OAC$의 넓이$=8-2=6cm^2$

$\triangle OAC$의 넓이$=\frac{1}{2}\times\overline{AC}\times1=3cm^2$

따라서 $\overline{AC}=3\times2=6cm$

답 $\overline{AC}=6cm$

4장

공간감각을 키우는

입체도형

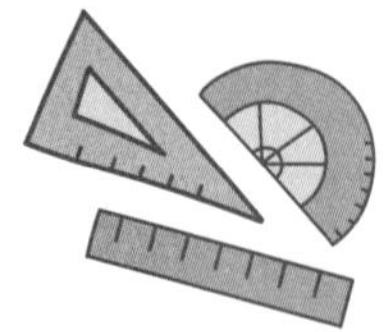

입체도형

평면도형 여러 개가 모여서 만들어진 도형을 입체도형이라 한다. 입체도형 중에서 다각형 모양의 면으로만 둘러싸인 입체도형을 다면체라 한다.

입체도형은 위·아랫면의 모양이나 옆면의 모양에 따라 여러 종류로 나뉜다.

각기둥 상자처럼 윗면과 아랫면이 평행하고 합동인 다각형으로 만들어진 도형

각뿔 피라미드처럼 밑면은 다각형이고 옆면은 삼각형으로 둘러싸인 도형

원기둥 위·아래면이 평행하고 원으로 된 도형

원뿔 밑면이 원이고 옆면이 부채꼴인 도형

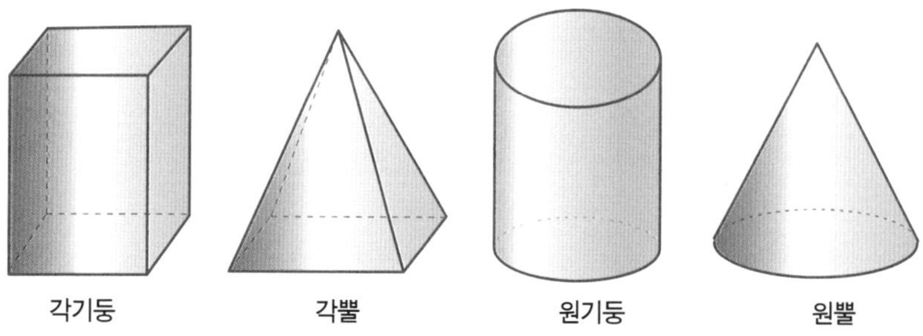

먼저 각기둥과 각뿔에 대해 알아보자.

각기둥은 밑면의 모양에 따라 삼각기둥, 사각기둥, 오각기둥 등으로 나뉜다. 사각기둥인 직육면체를 통해서 각기둥의 성질을 알아보자.

상자처럼 직사각형 모양의 면 6개로 둘러싸인 도형이 직육면체이다. 정사각형 면 6개로 둘러싸인 도형은 정육면체라 한다.

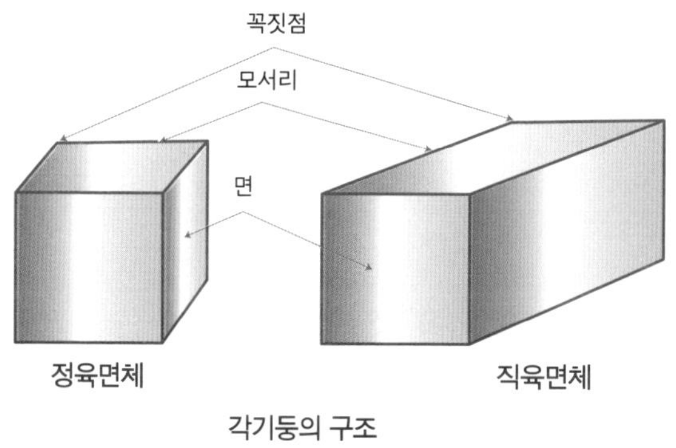

각기둥의 구조

입체도형은 한 번에 전체 모양이 보이지 않아서 입체도형을 그릴 때는 보이지 않는 모서리를 점선으로 그려서 나타내는 겨냥도를 그린다. 모서리를 잘라서 펼친 모양인 전개도도 입체도형의 모양을 살필 때 유용한 그림이다.

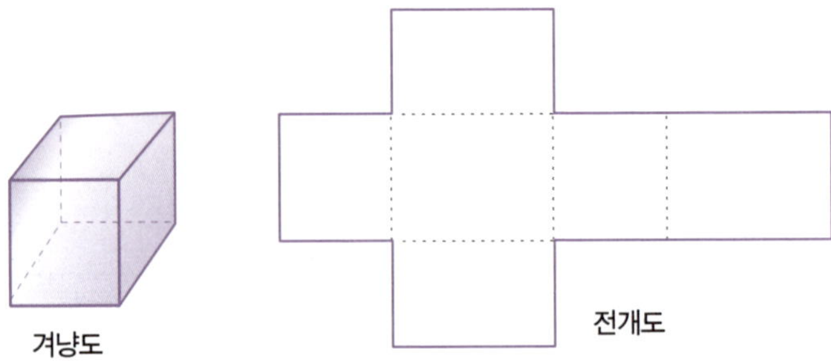

각 기둥의 전개도를 살펴보면 밑면의 모양은 달라지지만 옆면의 모양은 직사각형이란 걸 알 수 있다. 그리고 밑면의 모서리 개수와 옆면의 개수가 같다.

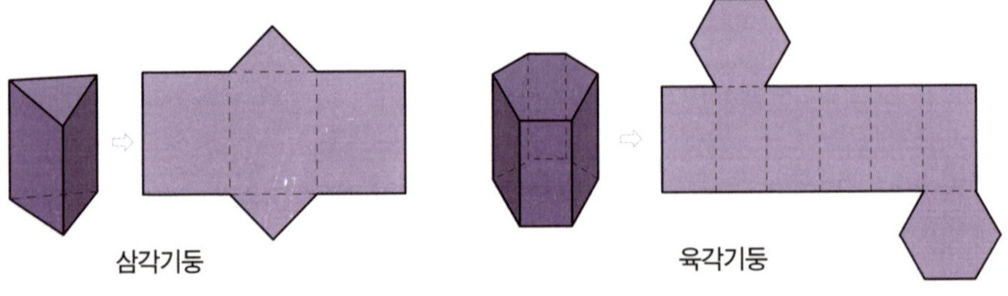

각뿔은 밑면의 모양에 따라 삼각뿔, 사각뿔, 오각뿔 등으로 나뉜다.

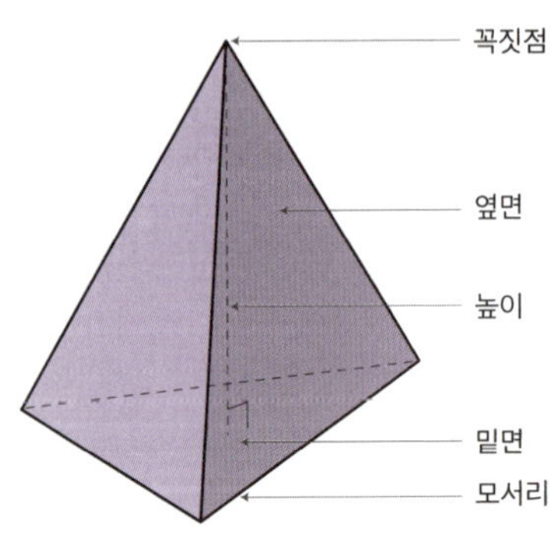

각뿔의 구조

각뿔의 전개도를 보면 각뿔은 밑면인 다각형의 모서리 수만큼 삼각형인 옆면이 있음을 알 수 있다.

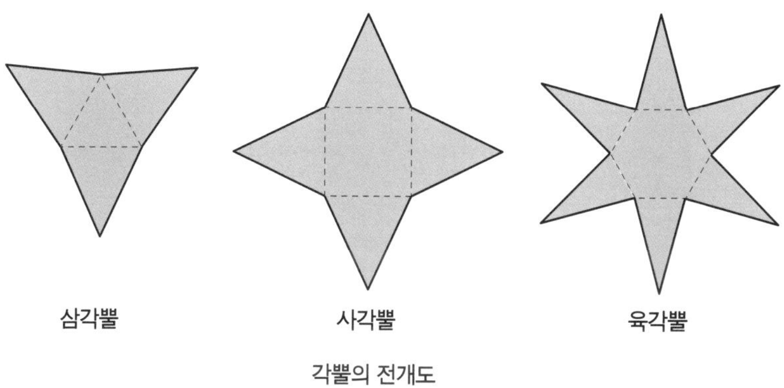

각뿔의 전개도

각기둥과 각뿔의 꼭짓점, 면, 모서리의 수를 비교해보면 다음과 같은 규칙을 찾을 수 있다.

각기둥	꼭짓점의 수 = 밑면의 변의 수×2	각뿔	꼭짓점의 수 = 밑면의 변의 수+1
	모서리의 수 = 밑면의 변의 수×3		모서리의 수 = 밑면의 변의 수×2
	면의 수 = 밑면의 변의 수+2		면의 수 = 밑면의 변의 수+1

각뿔을 그 밑면에 평행하게 자르면 두 가지 입체도형이 생긴다. 이때, 각뿔이 아닌 쪽이 각뿔대이다. 각뿔대도 밑면의 모양에 따라 삼각뿔대, 사각뿔대, 오각뿔대 등으로 나뉜다.

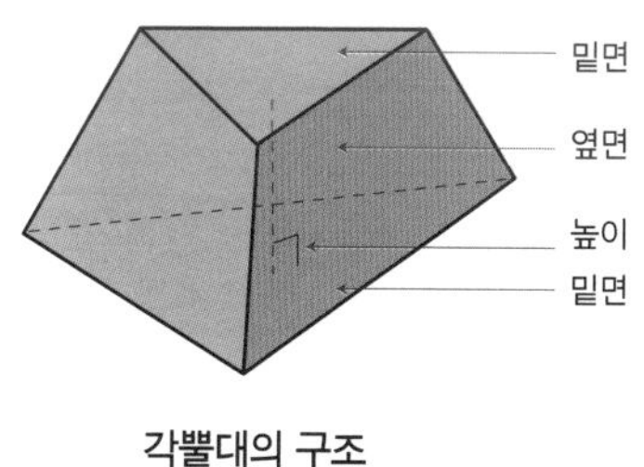

각뿔대의 구조

원기둥과 원뿔에 대해서도 알아보자.

직사각형을 회전시키면 원기둥이 되고 직각삼각형을 회전시키면 원뿔이 된다.

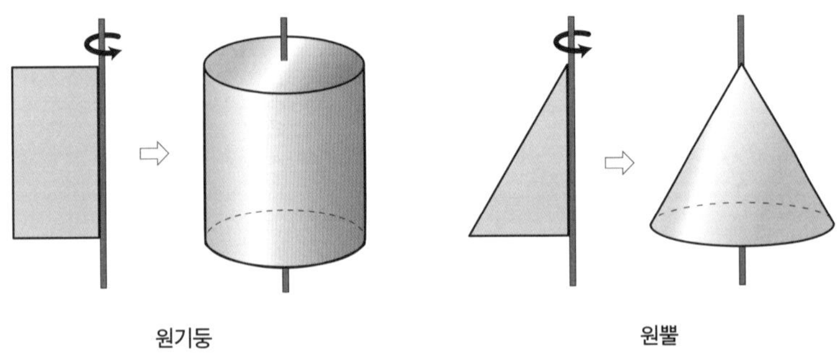

반원을 회전시키면 만들어지는 구와 함께 원기둥과 원뿔은 회전체라고도 한다. 원기둥을 잘라서 펼친 전개도를 보면 원 2개와 직사각형 1개가 나온다.

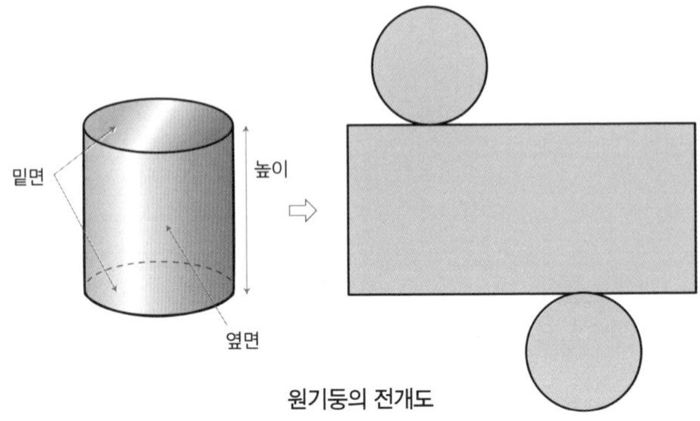

원기둥의 전개도

밑면인 원의 반지름을 알면 옆면인 직사각형의 가로 길이를 구할 수 있다. 밑면인 원의 원주가 바로 옆면인 직사각형의 가로 길이가 되기 때문이다.

원뿔을 잘라서 전개도를 보면 부채꼴과 작은 원 1개가 나온다.

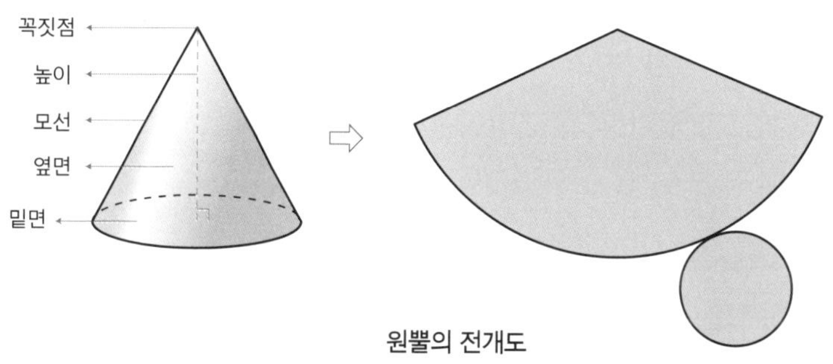

원뿔의 전개도

모선의 길이가 부채꼴의 반지름이 되고 작은 원의 원주가 부채꼴의 호의 길이라는 것을 알 수 있다.

원뿔을 그 밑면에 평행하게 자르면 두 가지 입체도형이 생긴다. 이때, 원뿔이 아닌 쪽이 원뿔대이다.

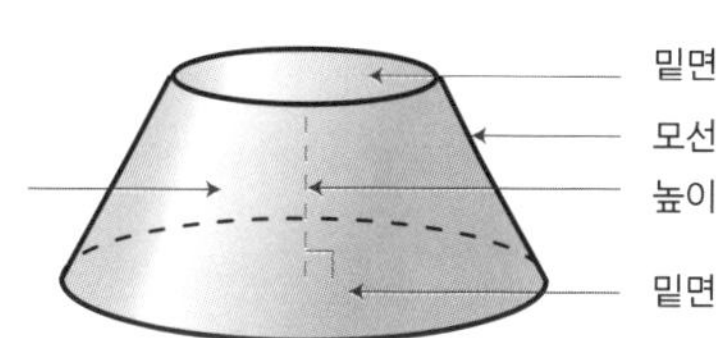

구의 모습도 같이 살펴보자.

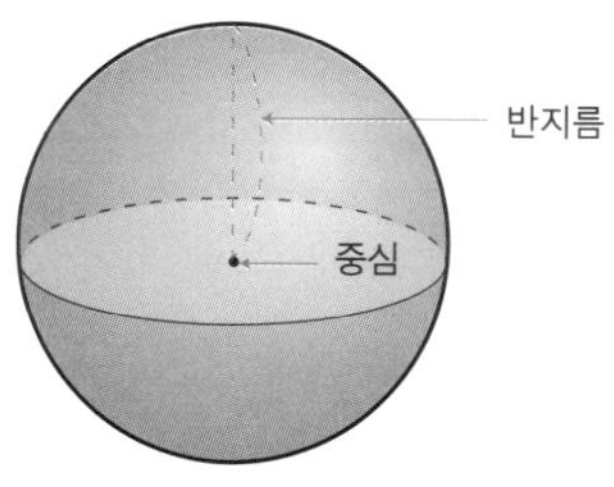

구의 가장 안쪽에 있는 점을 중심이라 하고, 이 중심에서 구의 겉

면의 한 점을 이은 선분을 반지름이라 한다.

회전축에 수직인 평면으로 회전체를 자르면 단면이 항상 원이고 회전축을 포함하는 단면으로 자르면 단면은 항상 선대칭도형이며 합동이다. 그 외 방향으로 자르면 단면은 타원이다. 하지만 구는 어느 방향으로 잘라도 늘 단면이 원이다.

입체도형의 겉넓이와 부피

지금까지 평면에서 도형의 넓이에 대하여 알아보았다. 그렇다면 이제부터 공간으로 사고를 확장시켜보면 어떨까? 입체도형은 3차원 도형이기 때문에 넓이라고 하지 않는다. 대신 입체도형이 차지하는 공간의 크기를 부피라 하고, 입체도형을 전개도로 펼쳐서 차지하는 넓이는 겉넓이라고 한다.

이집트에서는 토지 면적을 계산하기 위해 도형의 넓이 구하는 방법이 발달했음을 앞에서 여러 번 언급했다. 이는 현대사회에서도 적용되어 건물을 짓거나 공항, 항만 등 시설을 지을 때 입체도형의 겉넓이와 부피를 미리 계산해야 한다. 필요한 땅의 넓이나 자재의 양 등을 알기 위해서인데 시간, 비용 등을 산출할 수 있는 근거이기도 하다. 이에 따라 설계를 하고 미리 작은 모형으로 만들어 안정성과 주변 경관과의 조화, 필요 경비 등을 확인한 후에야 착공에 들어간다.

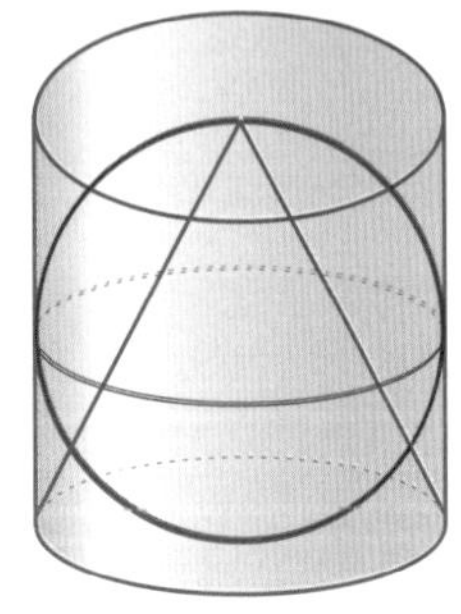

그럼 이제부터 입체도형의 겉넓이와 부

피에 대하여 알아보자.

그리스 시대의 최고의 수학자였던 아르키메데스는 자신의 묘비에 자신이 사랑한 원과 관련된 도형을 새기기를 원했다. 그래서 아르키메데스의 무덤 묘비에는 다음과 같은 도형이 남겨졌다.

원기둥과 그 안에 딱 맞는 구 그리고 원뿔이다. 아르키메데스가 아무 이유 없이 새기진 않았을 것이다. 이들 도형 사이에는 어떤 관계가 있을까? 세 입체도형의 겉넓이와 부피를 구하며 관계를 알아보도록 하자.

아르키메데스의 무덤 묘비에 새겨진 도형들의 관계를 알려면 먼저 입체도형의 겉넓이와 부피에 대하여 알아야 한다.

초등학교 시절부터 겉넓이, 부피라고 하면 겁을 먼저 집어먹었을 여러분. 다시 하나하나 살펴보며 자신감을 키워보자.

먼저 입체도형의 겉넓이와 부피를 구하는 방법을 알아보자.

각기둥의 겉넓이는 전개도를 이용하여 구한다.

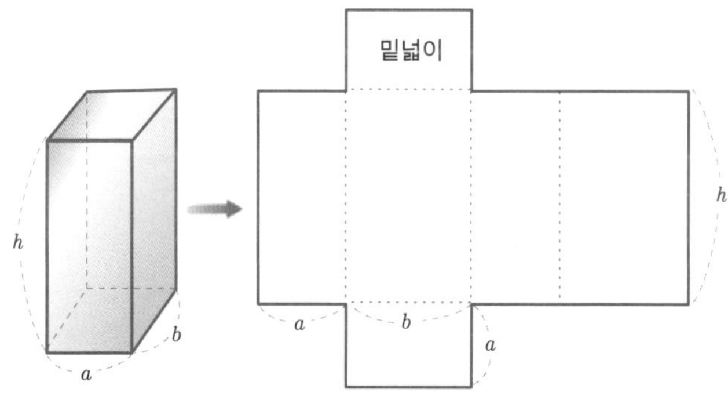

겉넓이는 전개도로 펼쳤을 때 펼쳐진 모든 면의 넓이를 더한 값이다.

면 하나하나의 넓이를 계산해서 더하면 되지만 좀더 빠르게 계산하기 위해 다음과 같은 공식을 이용한다.

$$\begin{aligned}\text{겉넓이}(S) &= \text{옆넓이}+\text{밑넓이}\times 2\\ &= 2(a+b)\times h+2ab\end{aligned}$$

부피는 입체도형이 차지하는 공간이므로 밑넓이라는 상자가 차곡차곡 쌓인 것으로 생각하면 쉽다.

$$\begin{aligned}\text{부피}(V) &= \text{밑넓이}\times\text{높이}\\ &= abh\end{aligned}$$

정육면체의 겉넓이와 부피는 좀 더 간단하다. 정육면체 한 모서리의 길이를 a라고 하면 다음과 같다.

$$\text{겉넓이}(S)=6a^2$$

$$\text{부피}(V)=a^3$$

세계적인 놀이 도구, 주사위

주사위는 나무나 뼈, 돌을 여러 면으로 깎아서 각 면에 숫자나 점, 기호를 새긴 놀이 도구로 옛날부터 운명을 점치거나 놀이를 할 때 사용했다. 고대의 주사위는 아시아, 유럽, 아프리카, 아메리카 등 광범위한 지역에서 발견되고 있지만, 그 기원은 불분명하다.

가장 오래된 주사위는 기원전 3000년쯤에 고대 메소포타미아에서 사용된 것으로 추정되는 주사위로 이란의 고고학 유적지에서 발견되었다. 기원전 10세기경, 고대 이집트에서는 동물의 발목뼈로 만든 주사위를 사용하기도 했다. 고대 로마에서는 운명을 점치거나, 놀이, 도박에도 사용되었다. 율리우스 카이사르가 루비콘강을 건너며 했다는 "주사위는 던져졌다"라는 말은 이미 운명은 결정되어 돌이킬 수 없다는 의미로 현재에도 사용되고 있다.

그리스문자가 새겨진 프톨레마이오스 시대 이집트의 20면체 주사위

피라미드 모양, 양면 모양, 직육면체 등 다양한 모양의 주사위가 있지만, 세계 여러 지역에서 가장 흔하게 정육면체 모양이 발견되었다. 확률을 공정하게 하려고 주사위 모양을 다듬다 보니 주로 정다면체 모양이 되었다. 하지만 3차원 대칭을 가진 다양한 형태로도 만들어진다. 주사위 모양이 다양해도 모든 면이 나올 확률이 같으면 된다.

우리나라는 어떨까?

〈쌍육삼매〉신윤복 혜원풍속첩

신라 왕경에서 발견된 육면체 주사위와 신라 안압지에서 출토된 14면체 목제 주사위인 주령구, 조선 시대 승경도 놀이에 사용된 오각기둥 모양의 윤목 등 우리나라 유적지에서도 다양한 주사위가 발견되었는데 대부분이 조선 시대에 쌍육 놀이에 사용된 정육면체 주사위이다.

그중 목제 주령구는 1975년에 안압지에서 출토된 독특한 형태의 주사위로 신라 시대에 만들어졌다. 정사각형 6면, 삼각형의 모서리를 조금씩 깎은 육각형 8면으로 되어 있는 14면체로 정다면체가 아닌데도 각 면이 나올 확률이 거의 $\frac{1}{14}$ 로 같다. 술자리에서 사용하는 놀이도구로 각 면에는 '술 석 잔 한 번에 마시기', '여러 사람 코 때리기', '얼굴 간지럽혀도 가만있기', '노래 없이 춤추기' 등 다양한 벌칙이 새겨져 있다. 신라 시대의 상류층의 음주 문화를 알 수 있는 중요한 유물로 원본은 유물 보존 처리 중 타서 소실되었고 현재 있는 것은 그 당시 기록에 따라 만들어진 복제품이다.

주령구 국립민속박물관

고대 신전의 기둥을 세울 때 많이 사용한 원기둥은 어떨까?

각기둥과 비슷한 듯하지만 다른 원기둥의 겉넓이와 부피를 구해 보자.

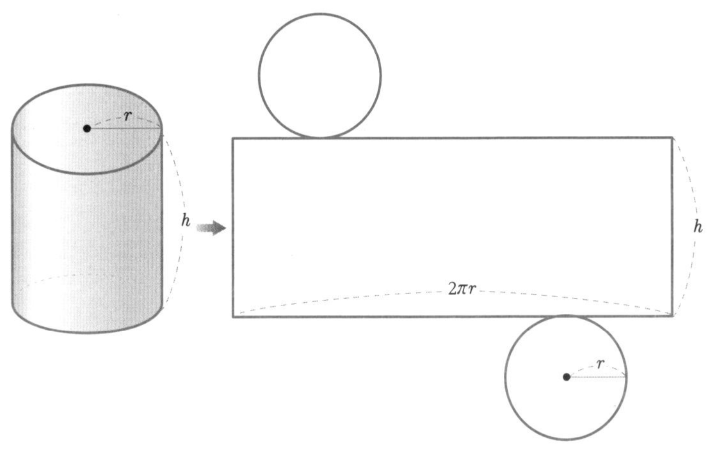

$$\text{원기둥의 겉넓이}=\text{옆넓이}+\text{밑넓이}\times 2$$

옆넓이는 밑면의 원주와 높이를 두 변으로 하는 직사각형이므로,

$$\text{옆넓이}=2\pi rh$$

밑넓이는 반지름의 길이가 r인 원의 넓이이므로

$$\text{밑넓이}=\pi r^2$$

$$\begin{aligned}\text{원기둥의 겉넓이}&=\text{옆넓이}+\text{밑넓이}\times 2\\&=2\pi rh+2\pi r^2\end{aligned}$$

$$\text{원기둥의 부피} = \text{밑넓이} \times \text{높이}$$
$$= \pi r^2 \times h = \pi r^2 h$$

계속해서 각뿔의 겉넓이와 부피를 살펴보자. 각뿔 모양을 보면 이집트의 피라미드가 떠오른다.

각뿔과 원뿔의 부피는 각기둥과 원기둥 부피의 $\frac{1}{3}$ 이라는 사실은 고대부터 알려져 있었다.

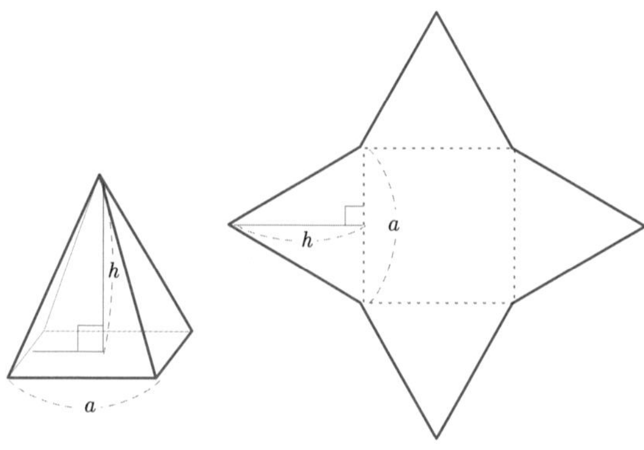

각뿔의 겉넓이는 전개도를 이용해 옆넓이와 밑넓이의 합으로 구한다.

$$\text{겉넓이} = \text{옆넓이} + \text{밑넓이}$$

정사각뿔을 예로 들어보자. 밑면의 한 변을 a라고 하면

$$\text{정사각뿔의 겉넓이} = 4 \times \frac{1}{2} \times a \times h + a \times a$$
$$= a^2 + 2ah$$

각뿔의 부피는 높이가 같은 각기둥의 부피의 $\frac{1}{3}$ 이다.

$$각뿔의\ 부피=\frac{1}{3}\times 밑넓이\times 높이$$

이를 정사각뿔에 적용하면,

$$\begin{aligned} 정사각뿔의\ 부피&=\frac{1}{3}\times a^2\times h \\ &=\frac{1}{3}a^2h \end{aligned}$$

뿔 모양의 그릇에 물을 가득 채운 후 밑넓이와 높이가 같은 기둥 모양의 그릇에 그 물을 부으면 물은 정확히 기둥 높이의 $\frac{1}{3}$만큼 채워진다. 그래서 각뿔의 부피는 높이가 같은 각기둥 부피의 $\frac{1}{3}$임을 확인할 수 있다.

그러면 원뿔은 어떨까? 각뿔과 비슷하지만 밑면이 원이므로 원의 넓이 구하는 방법을 사용한다.

원뿔의 겉넓이와 부피를 구해보자.

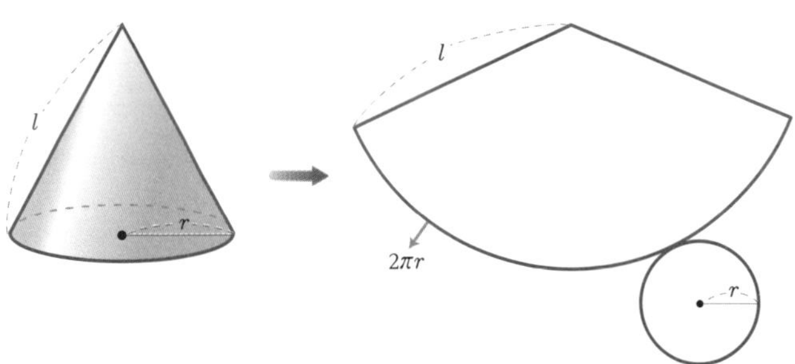

원뿔의 밑면의 반지름을 r, 모선의 길이를 l이라 하면,

$$\text{옆넓이}=\text{부채꼴의 넓이}=\frac{1}{2}\times\text{호의 길이}\times\text{반지름의 길이}$$
$$=\frac{1}{2}\times 2\pi r\times l$$

$$\text{원뿔의 겉넓이}=\text{옆넓이}+\text{밑넓이}$$
$$=\pi rl+\pi r^2$$

원뿔의 부피도 각뿔처럼 원기둥 부피의 $\frac{1}{3}$이다.

$$\text{원뿔의 부피}=\frac{1}{3}\times\text{밑넓이}\times\text{높이}$$
$$=\frac{1}{3}\pi r^2 h$$

이제 아르키메데스 묘비의 마지막 도형인 구의 겉넓이와 부피를 알아보자.

구는 전개도로 펼쳐 보기에는 어려운 도형이다. 따라서 원의 넓이를 구할 때 아주 작은 부채꼴로 잘라서 직사각형으로 만들어 구한 것처럼 구도 아주 작은 끈 모양으로 잘라서 그 끈으로 다시 원을 만들어서 구한다.

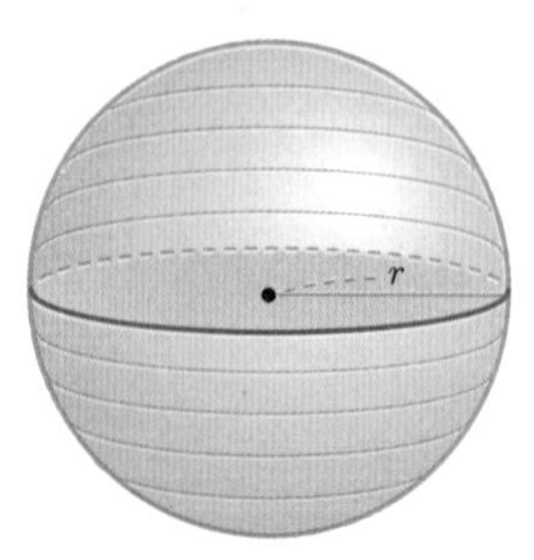

구를 촘촘히 잘라서 긴 끈처럼 만든 후 그 끈으로 원을 만들면 반지름의 길이가 r인 원이 4개가 만들어진다. 그래서 구의 겉넓이는 반지름의 길이가 r인 원의 넓이의 4배이다.

$$\text{구의 겉넓이} = 4 \times \pi r^2$$

반지름의 길이가 r, 높이가 $2r$인 원기둥 모양의 물통에 물을 담고 구를 담갔다가 꺼내면 남은 물이 처음 물의 $\frac{1}{3}$ 밖에 되지 않는다. 그래서 구의 부피는 흘러넘친 전체의 $\frac{2}{3}$의 물의 부피와 같으므로 원기둥 부피의 $\frac{2}{3}$가 구의 부피가 된다.

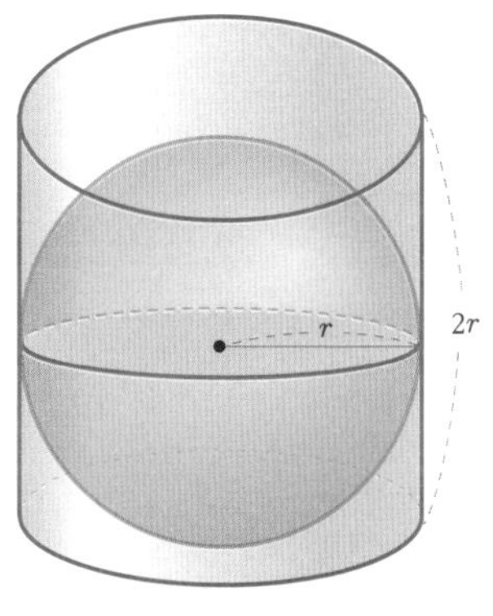

구의 반지름의 길이를 r, 부피를 V라 할 때, 구의 부피는 반지름의 길이가 r, 높이가 $2r$인 원기둥의 부피의 $\frac{2}{3}$이므로 다음과 같은 공식이 된다.

$$\begin{aligned}\text{구의 부피} &= \frac{2}{3} \times \pi r^2 \times 2r \\ &= \frac{4}{3}\pi r^3\end{aligned}$$

이제 처음으로 돌아가 아르키데메스의 묘비에 새겨진 도형들의 부피 관계를 살펴보자.

원기둥과 구, 원뿔의 부피가 각각 $\pi r^2 h$, $\frac{4}{3}\pi r^3$, $\frac{1}{3}\pi r^2 h$로, 구

의 반지름을 r이라고 하면 $h=2r$이다. h 대신 $2r$을 넣으면, $\pi r^2\times 2r$, $\frac{4}{3}\pi r^3$, $\frac{1}{3}\pi r^2\times 2r$이므로 원기둥, 구, 원뿔의 부피는 다음과 같다.

$$원기둥:구:원뿔의\ 부피=2\pi r^3:\frac{4}{3}\pi r^3:\frac{2}{3}\pi r^3$$
$$=3:2:1이다.$$

왕의 금왕관이 순금인지 아닌지 알아보기 위해 고민하며 욕조에 들어갔다가 물이 넘치는 걸 보고 '유레카'를 외치며 달려나온 아르키메데스다운 묘비이다.

아르키메데스의 독창성은 현대 사회의 건축물에도 영향을 준 듯하다. 요즘은 정형화된 형태 대신 여러 가지 도형을 합쳐서 독특한 모양으로 지어진 건물들이 많이 보인다. 이렇게 모양이 일정하지 않은 입체도형의 부피는 어떻게 구할까?

그것이 바로 아르키메데스가 노심초사 고민했던 내용이다.

일정한 양의 물에 모양이 일정하지 않은 입체도형을 넣으면 그 입체도형의 부피만큼 물이 밀려 올라온다. 밀려 올라온 물의 부피가 바로 그 입체도형의 부피이다. 아주 단순명쾌하며 쉽기까지 한 부피 구하는 방법이다.

문제 **1** 다음을 모두 만족시키는 입체도형의 이름을 말하여라.

(가) 두 밑면이 평행하다.

(나) 옆면이 모두 사다리꼴이다.

(다) 칠면체이다.

풀이 두 밑면이 평행하고 옆면이 사다리꼴인 입체도형은 각뿔대로 면이 7개이면 밑면 2개에 옆면이 5개로 오각뿔대이다.

답 오각뿔대

문제 **2** 다음 그림과 같은 직육면체의 겉넓이를 구하여라.

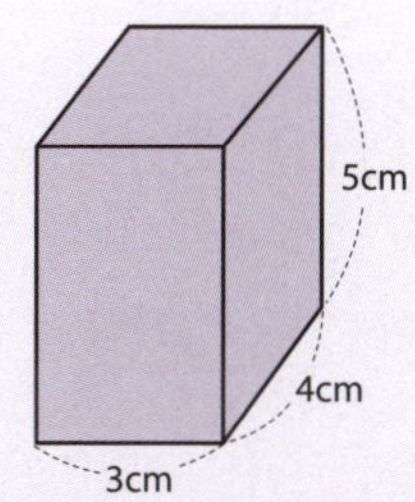

풀이 직육면체의 겉넓이는 옆넓이와 밑넓이를 구해서 공식에 맞게 더하면 된다.

옆넓이 $= (3+4+3+4)\times5 = 70\text{cm}^2$

밑넓이 $= 3\times4 = 12\text{cm}^2$

겉넓이(S) $=$ 옆넓이 $+$ 밑넓이$\times2$

$= 70+12\times2 = 94\text{cm}^2$

답 $94cm^2$

실력 Up

문제 **3** 한 모서리의 길이가 5cm인 정육면체의 겉넓이와 부피를 구하여라.

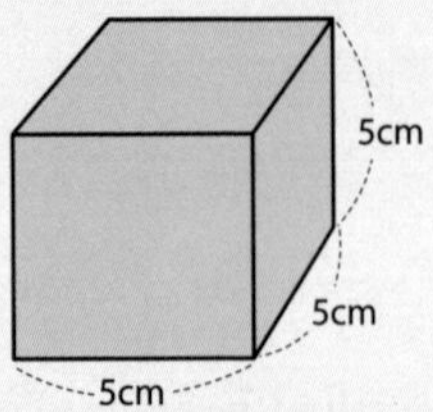

풀이 정육면체의 겉넓이는 정사각형 6개로 계산하면 되고 부피는 가로, 세로, 높이를 곱하면 된다.

겉넓이(S) $= 6a^2$

$= 6\times5\times5=150\text{cm}^2$

부피(V) $= a^3$

$= 5\times5\times5= 125\text{cm}^3$

답 겉넓이: 150cm^2 부피 : 125cm^3

문제 **4** 다음 그림 같은 전개도로 만들어지는 입체도형의 겉넓이를 구하여라.

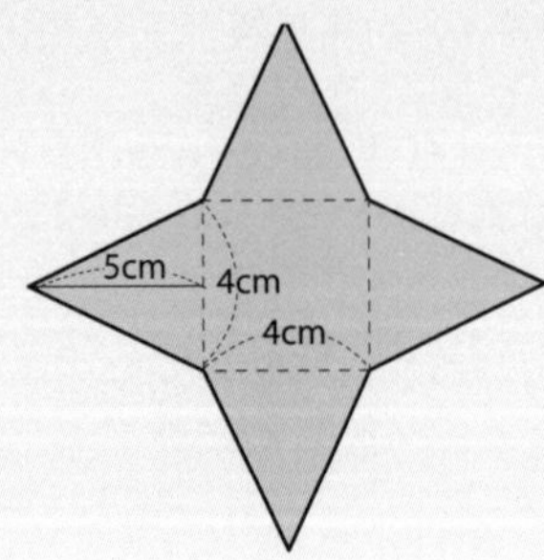

풀이 전개도로 만들어지는 입체도형은 정사각뿔이다. 밑넓이와 옆넓이를 구해서 식에 맞게 더하면 된다.

밑넓이 = $4 \times 4 = 16\text{cm}^2$

옆넓이 = $(\frac{1}{2} \times 4 \times 5) \times 4 = 40\text{cm}^2$

각뿔의 겉넓이 = 밑넓이 + 옆넓이

$= 16 + 40 = 56\text{cm}^2$

답 56cm^2

문제 5 다음 그림과 같은 모양의 잔에 음료를 가득 넣었을 때 둘 중 어느 쪽이 들어있는 음료의 양이 더 많을까?

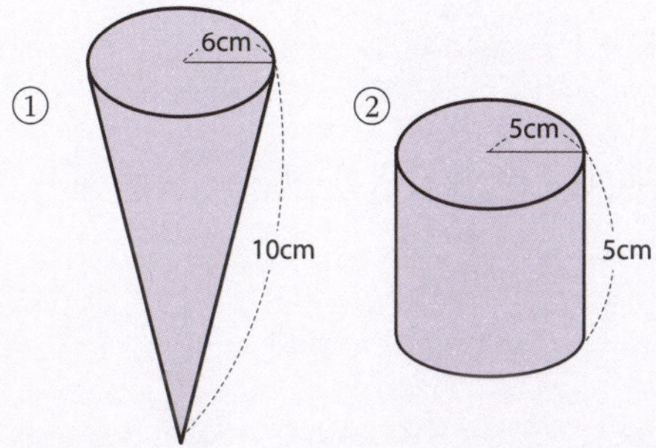

풀이 원뿔과 원기둥의 부피를 비교하는 문제로 각각의 부피를 구하면

① 밑넓이를 구해서 $\frac{\text{높이}}{3}$를 곱하면 된다.

밑넓이 = $\pi r^2 = \pi \times 6 \times 6 = 36\pi\ \text{cm}^2$

원뿔 부피 = $\frac{1}{3} \times$ 밑넓이 $\times$ 높이

$= \frac{1}{3} \times 36\pi \times 10 = 120\pi\ \text{cm}^3$

② 밑넓이를 구해서 높이를 곱하면 된다.

밑넓이 = $\pi r^2 = \pi \times 5 \times 5 = 25\pi \text{ cm}^2$

원기둥의 부피 = 밑넓이× 높이

$= 25\pi \times 5 = 125\pi \text{ cm}^3$

답 ②번 잔에 들어있는 음료의 양이 더 많다.

문제 6 다음 그림과 같은 원뿔대의 부피를 구하여라

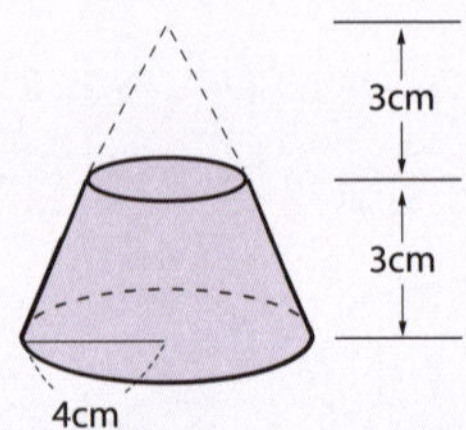

풀이 원뿔대의 부피는 큰 원뿔에서 작은 원뿔을 빼는 방법으로 구할 수 있다.

원뿔의 부피는 $\frac{1}{3}$×밑넓이×높이 = $\frac{1}{3}\pi r^2 h$

큰 원뿔의 부피 $\frac{1}{3} \times \pi \times 4 \times 4 \times 6 = 32\pi$

작은 원뿔의 부피 $\frac{1}{3} \times \pi \times 2 \times 2 \times 3 = 4\pi$

원뿔대의 부피 $32\pi - 4\pi = 28\pi \text{ cm}^3$

답 $28\pi \text{ cm}^3$

문제 7 가장 큰 둘레가 75.36cm인 농구공의 겉넓이는 얼마일까? (π=3.14)

풀이 구의 겉넓이는 $4\times\pi r^2$인데 둘레가 주어졌으므로 r을 구해야 한다. 가장 큰 둘레는 $2\pi r$이므로

$2\pi r=75.36$으로 $\pi=3.14$로 계산하면 r은 12이므로

겉넓이= $4\times\pi r^2$ = $4\times3.14\times12\times12=1808.64\text{cm}^2$

답 1808.64cm^2

정다면체

정다각형은 변의 개수를 늘리면 정삼각형, 정사각형, 정오각형… 등으로 얼마든지 늘릴 수 있다. 그렇다면 입체도형인 정다면체도 이 규칙이 성립할까? 정다면체도 정사면체, 정오면체, 정육면체 등으로 면의 개수를 늘릴 수 있을까? 이것은 불가능하다. 놀랍게도 정다면체는 정사면체, 정육면체, 정팔면체, 정십이면체, 정이십면체 이 다섯 가지뿐이다.

피타고라스와 그 제자들이 정사면체, 정육면체, 정팔면체를 이론적으로 밝혀냈고 플라톤의 친구인 테아이테토스가 정십이면체와 정이십면체를 이론적으로 연구하여 정다면체는 다섯 가지뿐임을 증명했다.

어째서 이 다섯 가지뿐일까? 그것은 정다면체가 되려면 두 가지 조건이 필요하기 때문이다.

먼저 한 꼭짓점에 세 면 이상이 만나야 입체도형이 될 수 있다.

이 꼭짓점에서 만난 정다각형의 각의 크기의 합이 360°보다 작아야만 입체도형이 될 수 있다(세 각의 합이 360°가 되면 평면이 되어버리기 때문이다).

그런데 이 두 가지 조건을 충족시키는 정다면체는 다음의 다섯 가지 형태의 정다면체뿐이다.

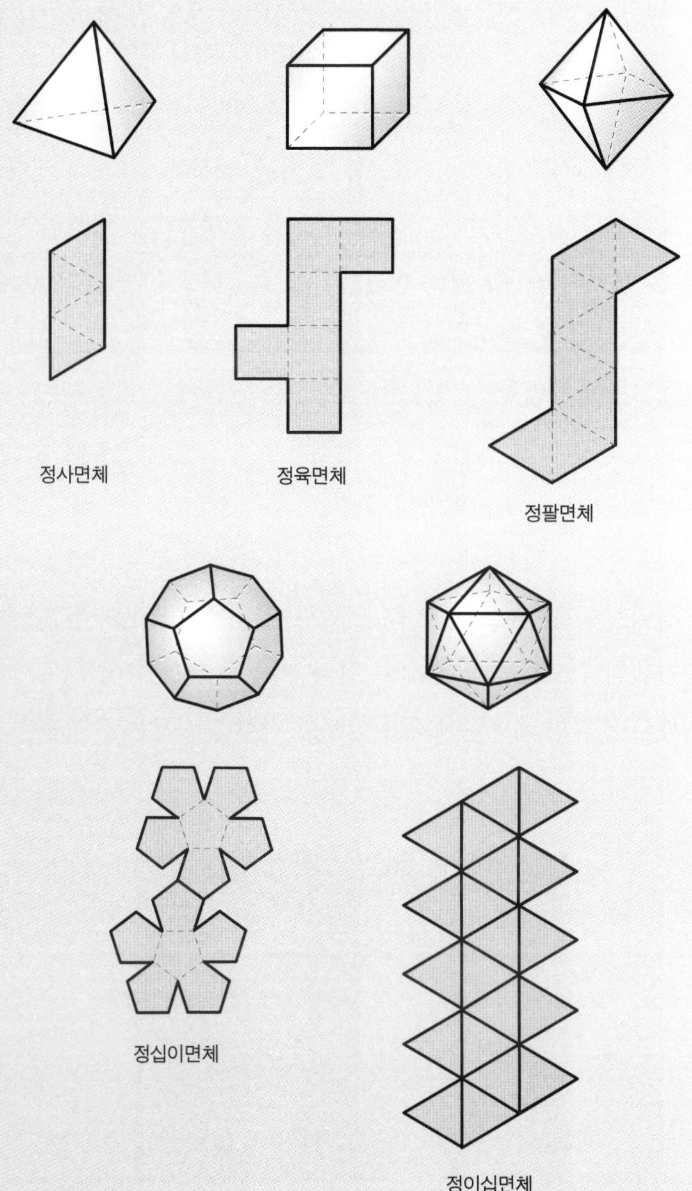
정사면체
정육면체
정팔면체
정십이면체
정이십면체

이 5개의 정다면체는 '플라톤의 도형'으로도 불린다. 그리스의 철학자였던 플라톤은 이 5개의 정다면체에 당시의 4원소설-모든 물질은 물, 불, 흙, 공기로 이루어져 있다-을 연결시켰다. 정십이면체가 대우주를 상징하면서 물, 불, 흙, 공기를 상징하는 4개의 정다면체를 포함한다고 생각했던 것이다. 천문학자 케플러도 행성의 궤도를 이 다섯 가지 정다면체와 연관지어서 설명했을 만큼 정다면체는 재미있고 신비로운 도형이다.

우리가 직접 확인할 수 있는 대상으로는 피라미드가 보통 정사면체 모양을 하고 있고 소금의 결정은 정육면체 그리고 손톱에 봉숭아물을 들일 때 사용하는 백반의 결정은 정팔면체로 되어 있다. 다이아몬드의 분자 모형은 정사면체이고 전자현미경으로 관찰한 바이러스는 정이십면체의 모양으로 하고 있다. 꽃가루나 플랑크톤 등에서도 정다면체의 모습을 확인할 수 있다. 이렇듯 자연 속에는 여러 가지 형태로 정다면체가 존재하고 있으니 직접 찾아보는 즐거움을 누리길 바란다.

소금결정

5장

수학사의 최고의 공식?!

피타고라스의 정리

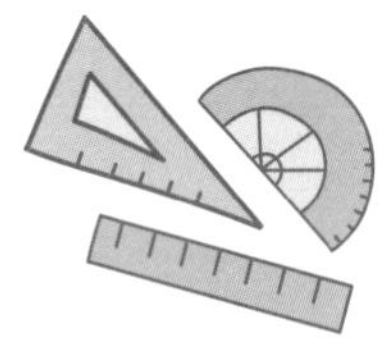

《서양철학사》에서 지은이인 러셀은 피타고라스를 '역사상 가장 지적이고, 가장 중요한 인물'이라고 칭찬한다.

피타고라스는 기원전 6세기경 에게해 사모스에서 태어났다고 전해진다. 그는 학교를 세워 제자들을 가르치며 함께 연구했고 이들을 피타고라스 학파라고 불렀다.

이 학교는 비밀결사모임처럼 별 모양의 오각형 배지를 달고 피타고라스의 이름으로만 연구결과를 발표했으며 외부로 비밀을 발설하면 죽음을 각오해야 하는 곳이었다.

무리수의 존재를 발설한 제자를 물에 빠뜨려 죽였다는 이야기가 전해질 정도로 엄격한 학교였으며 이곳에서 증명하고 발표한, '직각삼각형에서 빗변의 길이의 제곱은 밑변의 길이의 제곱과 높이의 제곱을 더한 값과 같다'는 피타고라스의 정리는 수학사에 길이 남을 업적이다.

피타고라스의 정리는 다음 식으로 표현된다.

$$a^2+b^2=c^2$$

사실 피타고라스의 정리는 이미 중국과 이집트, 바빌로니아 등에서 널리 이용되고 있는 이론이었다. 메소포타미아에서 전해지는 기록 중 기원전 1800년경에 만들어진 것으로 보이는 '플림프턴 322'라 부르는 점토판은 유명하다. 여기에는 여러 가지 직각삼각형의 변의 길이가 기록되어 있다.

중국의 《주비산경》에 기록된 '구고현의 정리' 역시 유명하며 이는 피타고라스보다 500년 전에 먼저 발견해서 사용하고 있었던 기록으로 인정받고 있다.

'구고현의 정리'를 보면 직각삼각형의 밑변과 높이 중 짧은 것을 '구', 긴 것을 '고', 빗변을 '현'이라고 하는 데 '구가 3, 고가 4, 현이 5이면 구^2+고^2=현^2'이라고 했다.

물론 《주비산경》에는 구고현의 정리에 대한 수학적 증명이 하나의 그림만으로 나타나 있다. 하지만 이는 피타고라스의 정리를 증명하는 400가지가 넘는 방법 중 하나로, 그림만으로도 설명이 되는 완벽하고 아름다운 그림으로 인정받는다.

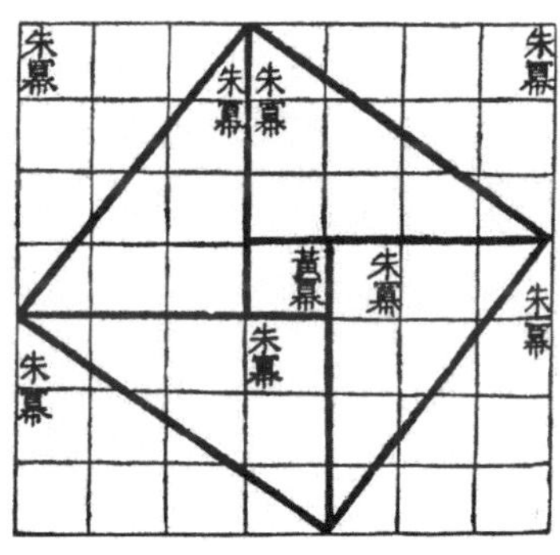

《주비산경》의 구고현 정리

이는 그림으로 보면 알겠지만 □ABCD의 넓이는 그 안에 있는 길이가 c인 정사각형의 넓이와 그 바깥의 직각삼각형 4개의 넓이를 더한 값이라는 사실을 이용하여 증명하는 방법이다.

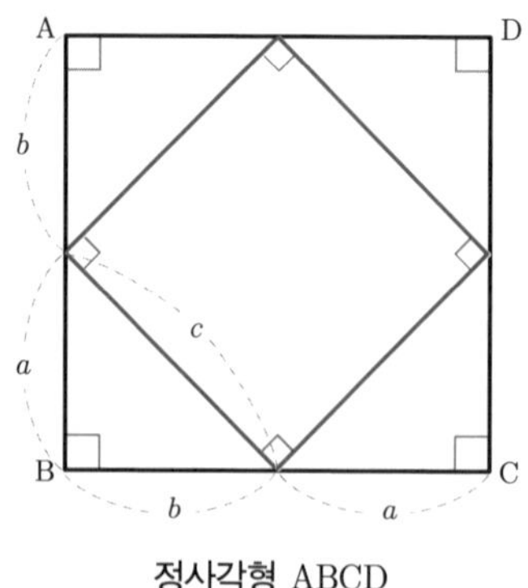

정사각형 ABCD

□ABCD의 넓이 $(a+b)^2=c^2+4\left(a\times b\times\frac{1}{2}\right)$

$a^2+b^2+2ab=c^2+2ab$

양쪽 $2ab$를 제거하면

$\therefore\ a^2+b^2=c^2$

간단하게 증명할 수 있다.

그런데 왜 피타고라스의 정리라고 이름을 붙였을까?

그것은 처음 증명한 사람이 피타고라스이기 때문이다. 직각삼각형의 빗변과 다른 두 변 사이의 관계를 일반식으로 나타내고, 이 성질이 모든 직각삼각형의 공통 성질이라는 사실을 증명해서 보여준 것이다.

물론 피타고라스가 어떤 방법으로 증명을 했는지는 알려지지 않는다. 어떤 학자는 피타고라스가 바닥의 타일 모양을 보고 생각해냈다고 주장하기도 한다. 하지만 어떻게 증명했든 피타고라스는 이 정리를 통해서 무리수의 존재를 발견하게 되었다. 피타고라스는 무리수의 존재를 인정하지 않으려 했지만 이로 인해 수의 세계가 무리수와 유리수를 합한 실수로 넓어지게 되었다.

그후 수많은 수학자들이 400여 가지가 넘는 방법으로 피타고라스의 정리를 증명했는데 교과서에는 지금 소개한 방법이 주로 이용된다.

그런데 피타고라스의 정리를 증명한 방법이 400가지가 넘는다니 굉장하지 않은가? 얼마나 많은 수학자들이 시간과 노력을 투자해 이를 증명했을지 상상이 가는 한편 이미 증명이 끝난 것을 새삼 새로운 방법으로 증명하려는 그들에게 감탄하게 된다.

수많은 수학자들의 노력에 박수를 보내는 심정으로 400여 가지 방법 중 두 가지만 살펴보자.

먼저 위의 방법과 비슷하게 도형의 넓이를 이용하는 증명방법이 있다.

직각삼각형 4개를 이용하여 빗변의 길이 c를 한 변으로 하는 정사각형을 만든다.

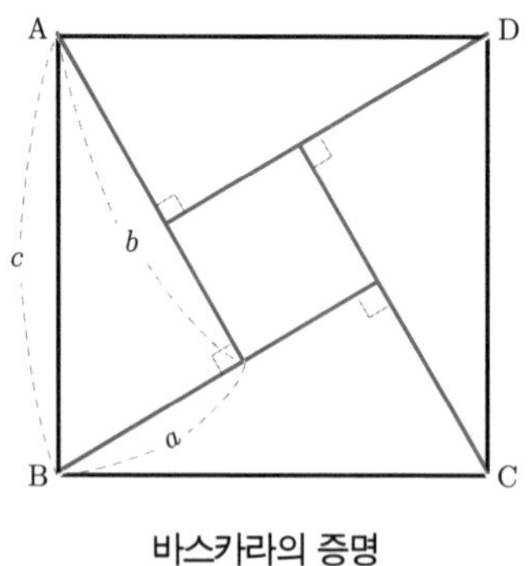

바스카라의 증명

그림을 살펴보면 한 변의 길이가 c인 정사각형의 넓이와, 직각삼각형 4개의 넓이에 한가운데 존재하는 작은 정사각형의 넓이를 더한 것은 같다.

작은 정사각형의 한 변은 $b-a$이므로 넓이는,

$$(b-a)^2=b^2-2ab+a^2$$

이에 따라 직각삼각형 4개의 넓이는 $\frac{1}{2}\times a\times b\times 4=2ab$가 된다.

따라서 $c^2=2ab+b^2-2ab+a^2=a^2+b^2$

$\therefore a^2+b^2=c^2$

닮음을 이용해 증명하는 방법은 다음과 같다.

그림처럼 직각삼각형 ABC의 직각에서 대변에 수선을 긋는다.

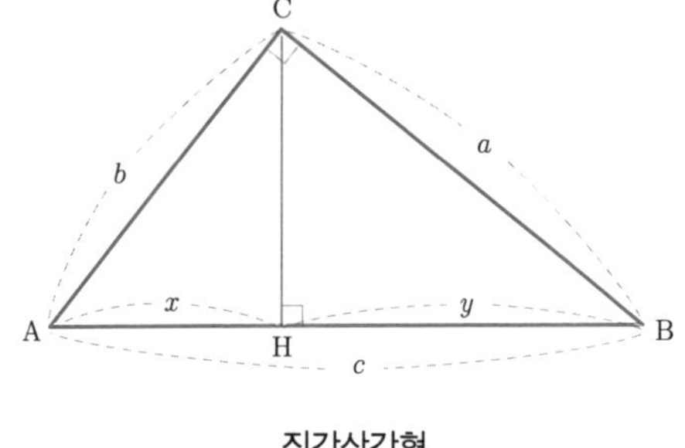

직각삼각형

이에 따라 $\angle A$는 공통각이고 $\angle AHC = \angle ACB = 90°$ 이므로

$\triangle ABC \backsim \triangle ACH$ (AA닮음)이 성립한다.

닮음 관계에서는 대응하는 변의 길이의 닮음비가 같으므로

$$b : x = c : b$$
$$b^2 = cx$$

계속해서 $\angle B$ 또한 공통각이고 $\angle CHB = \angle ACB = 90°$ 이므로

$\triangle ABC \backsim \triangle CBH$ (AA닮음)이 성립한다.

닮음 관계에서는 대응하는 변의 길이의 닮음비가 같으므로

$$a : c = y : a$$
$$a^2 = cy$$

이에 따라

$$a^2 + b^2 = cx + cy = c(x + y)$$

$x + y = c$이므로

$$a^2 + b^2 = c^2$$

이 외에도 유클리드의 증명법도 재미있으니 확인해보길 바란다.

수학은 이처럼 한 가지 증명 방법만 존재하는 것이 아니기 때문에 이해가 더 쉬운 증명방법을 찾는 것은 중요하다.

이제 발상의 전환을 해보자. 어떤 삼각형에서 직각을 낀 두 변의

길이의 제곱의 합이 빗변의 길이의 제곱과 같다면 그 삼각형은 직각 삼각형이라고 할 수 있을까? 맞다.

$\triangle$ABC에서 $a^2+b^2=c^2$이면 $\angle$C$=90^\circ$가 되는 것이다.

피타고라스의 정리

$\triangle$ABC에서 $\angle$C$=90^\circ$이면

$a^2+b^2=c^2$

우리나라 건축물에서도 피타고라스의 정리를 이용한 예를 찾아볼 수 있다.

우리의 자랑스러운 문화유산인 신라의 첨성대를 살펴보면, '천장석의 대각선 길이:기단석의 대각선 길이:첨성대의 높이=3:4:5'로 되어 있다.

신라시대에는 주비산경을 중요한 천문학 교재로 사용해 건축물의 직각은 구고현의 정리를 응용해 만들었기에 이러한 비례가 나온다. 불국사 청운교와 백운교에서도 3:4:5의 비례를 찾아볼 수 있다.

첨성대(© Zsinj)

메소포타미아 문명을 비

롯한 전 세계의 문명에서 이 피타고라스의 정리는 다양하게 응용되어 수많은 건축물을 탄생시켰다. 즉 인류의 삶에 지대한 영향을 미친 것이다.

이번에는 피타고라스의 정리를 이용해 삼각형의 성질을 알아보자.

$\angle C$가 90°인 직각삼각형 ABC에서 $\overline{AC}$와 $\overline{BC}$ 위의 임의의 점을 각각 D, E로 놓은 삼각형을 그려보자.

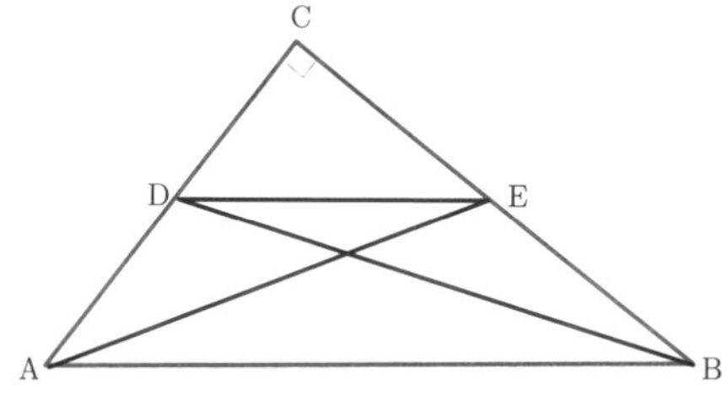

이 직각삼각형을 살펴보면,

$\triangle ABC$에서 $\overline{AB}^2=\overline{AC}^2+\overline{BC}^2$

$\triangle AED$에서 $\overline{AE}^2=\overline{AC}^2+\overline{CE}^2$

$\triangle BDC$에서 $\overline{BD}^2=\overline{BC}^2+\overline{DC}^2$

$\triangle DEC$에서 $\overline{DE}^2=\overline{DC}^2+\overline{CE}^2$

따라서 $\overline{AE}^2+\overline{BD}^2=(\overline{AC}^2+\overline{CE}^2)+(\overline{BC}^2+\overline{DC}^2)$

$=\overline{AC}^2+\overline{BC}^2+\overline{CE}^2+\overline{DC}^2$

$=\overline{AB}^2+\overline{DE}^2$

이에 따라 $\overline{AE}^2+\overline{BD}^2=\overline{AB}^2+\overline{DE}^2$임을 알 수 있다.

이를 삼각형의 중점 연결정리와 연결하여 문제풀이에 사용할 수 있다. 예제를 풀어 확인해보자.

$\angle$C가 직각인 삼각형 ABC에서 두 변의 중점을 각각 D, E로 놓고 $\overline{DE}=4$cm일 때, $\overline{AE}^2+\overline{BD}^2$의 값을 구하여라.

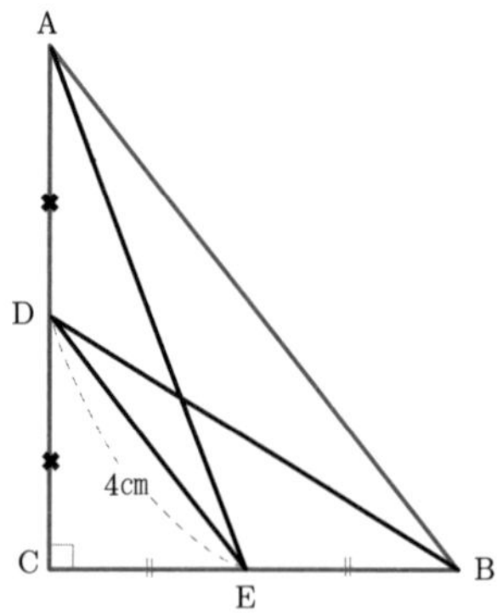

삼각형의 중점 연결정리에 의하면,

$$\overline{DE}=\frac{1}{2}\overline{AB}$$

$\overline{AE}^2+\overline{BD}^2=\overline{AB}^2+\overline{DE}^2$이므로

$\overline{DE}=4$cm이면 $\overline{AB}=8$cm이다.

$\overline{AE}^2+\overline{BD}^2=4^2+8^2=16+64=80$

따라서 $\overline{AE}^2+\overline{BD}^2=80$

피타고라스의 정리는 직각삼각형 세 변의 길이를 각각 한 변으로 하는 정사각형의 넓이를 이용해 증명할 수도 있다.

그렇다면 좀더 범위를 확장시켜 직각삼각형의 세 변의 길이를 각각 지름으로 하는 원의 넓이는 어떻게 구할 수 있을까?

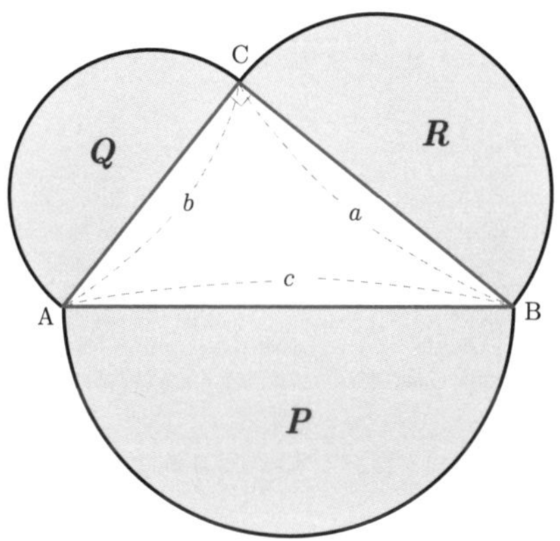

피타고라스의 정리 $a^2+b^2=c^2$을 이용한 각 반원의 넓이는 다음과 같다.

$$Q=\frac{1}{2}\times\pi\times\left(\frac{1}{2}b\right)^2=\frac{1}{8}\pi b^2$$

$$R=\frac{1}{2}\times\pi\times\left(\frac{1}{2}a\right)^2=\frac{1}{8}\pi a^2$$

$$P=\frac{1}{2}\times\pi\times\left(\frac{1}{2}c\right)^2=\frac{1}{8}\pi c^2$$

따라서 $P=\frac{1}{8}\pi c^2=\frac{1}{8}\pi(a^2+b^2)=Q+R$

$\therefore P=Q+R$

그러면 직각이 없는 사각형에서는 피타고라스의 정리가 필요없을까?

□ABCD에서 대각선이 직교할 때를 살펴보자.

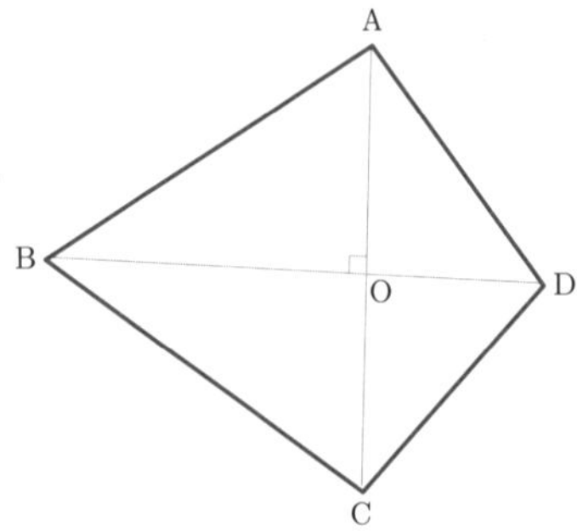

피타고라스의 정리를 이용하여 각 선분끼리의 관계를 나타내면,

$$\overline{AO}^2+\overline{BO}^2=\overline{AB}^2 \qquad \overline{BO}^2+\overline{CO}^2=\overline{BC}^2$$

$$\overline{CO}^2+\overline{DO}^2=\overline{CD}^2 \qquad \overline{AO}^2+\overline{DO}^2=\overline{AD}^2$$

이므로 $\overline{AO}^2+\overline{BO}^2+\overline{CO}^2+\overline{DO}^2=\overline{AB}^2+\overline{CD}^2=\overline{BC}^2+\overline{AD}^2$ 이 된다.

즉 대각선이 직교하는 사각형에서 서로 마주보는 변의 길이를 제곱한 값이 서로 같음을 알 수 있다.

직사각형 내부에 아무 곳이나 한 점 P를 잡으면 $\overline{AP}^2+\overline{CP}^2=\overline{BP}^2+\overline{DP}^2$이 된다. 왜 그런지 알아보려면 점 P를 지나면서 $\overline{AD}$에 평행한 직선과 점 P를 지나면서 $\overline{AB}$에 평행한 직선을 그린다.

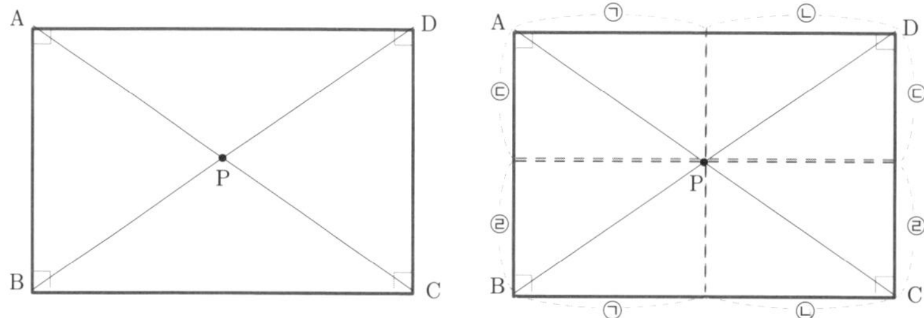

직선 2개를 그리면 4개의 직사각형으로 나뉜다. 이 4개의 직사각형에서 서로 길이가 같은 부분을 ㉠, ㉡, ㉢, ㉣로 나타내보자. 피타고라스의 정리에 따라

$$\overline{AP}^2 = ㉠^2 + ㉢^2$$
$$\overline{BP}^2 = ㉠^2 + ㉣^2$$
$$\overline{CP}^2 = ㉡^2 + ㉣^2$$
$$\overline{DP}^2 = ㉡^2 + ㉢^2$$

이다. 따라서

$$\overline{AP}^2 + \overline{CP}^2 = ㉠^2 + ㉡^2 + ㉢^2 + ㉣^2 = \overline{BP}^2 + \overline{DP}^2$$

이라는 것을 확인할 수 있다.

피타고라스의 정리의 활용

피타고라스의 정리는 건축물뿐만 아니라 생활 곳곳에서 활용되고 있지만 수학에서도 중요한 자리를 차지하고 있다. 그중에서도 도형

문제를 풀 때는 특히 중요하다. 직사각형이나 정사각형의 대각선의 길이를 구할 때도 피타고라스의 정리를 이용한다.

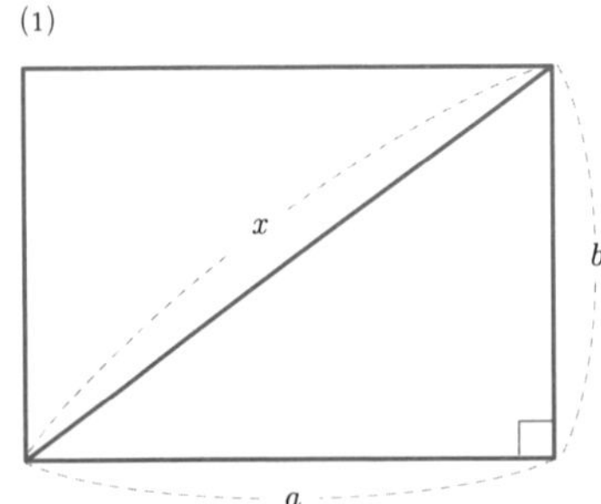

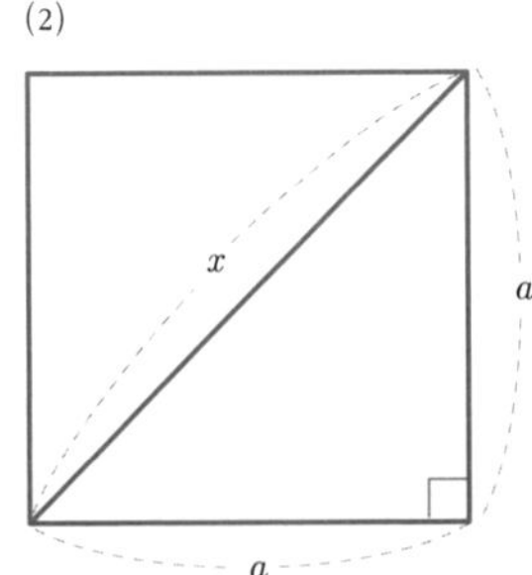

(1) 가로, 세로의 길이가 각각 a, b인 직사각형의 대각선의 길이를 x로 하면 피타고라스의 정리에 의하여 다음의 식이 성립한다.

$$x^2=a^2+b^2$$

$$\therefore\ x=\sqrt{a^2+b^2}$$

(2) 한 변의 길이가 a인 정사각형의 대각선의 길이를 구할 때의 공식은 다음과 같다. 대각선의 길이를 x로 하면 피타고라스의 정리에 따라,

$$x^2=a^2+a^2=2a^2$$

$$\therefore\ x=\sqrt{2}\,a$$

이는 정삼각형에도 활용 가능하다. 예를 들어 정삼각형 한 변의 길이만 알아도 그 도형의 높이 h와 넓이 S를 구할 수 있다. 이를 증

명해보자.

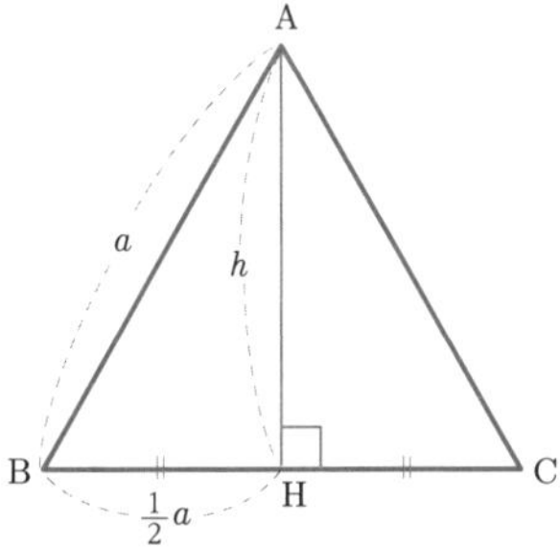

꼭짓점 A에서 대변에 수선을 그으면 직각삼각형 ABH가 생긴다. 이는 피타고라스의 정리에 의해,

$$a^2=h^2+\left(\frac{1}{2}a\right)^2$$

$$h^2=a^2-\frac{1}{4}a^2=\frac{3}{4}a^2$$

$$\therefore h=\frac{\sqrt{3}}{2}a$$

정삼각형 ABC의 넓이 S는 $\frac{1}{2}$×밑변×높이이므로,

$$S=\frac{1}{2}\times a\times\frac{\sqrt{3}}{2}a=\frac{\sqrt{3}}{4}a^2$$

이뿐만 아니라 데카르트가 고안해낸 좌표평면 위에 두 점이 있을 때 이 두 점 사이의 거리를 구하는 문제 역시 피타고라스의 정리를 이용하면 쉽게 해결할 수 있다.

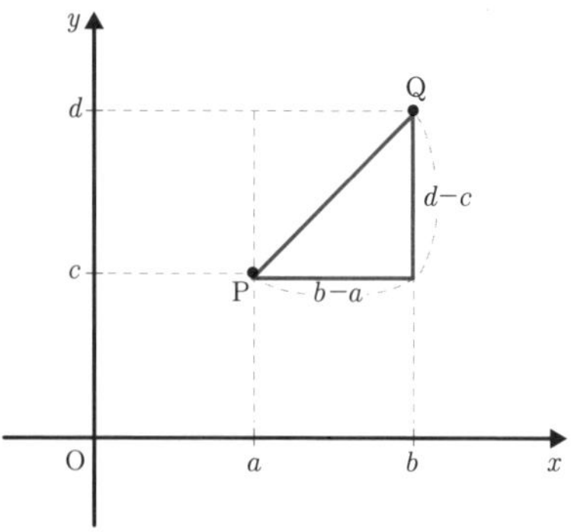

두 점 $P(a, c)$, $Q(b, d)$ 사이의 거리를 구하면,

$$\overline{PQ}^2=(b-a)^2+(d-c)^2$$

$$\overline{PQ}=\sqrt{(b-a)^2+(d-c)^2}$$

그 외에도 직육면체의 대각선의 길이나 정사면체의 높이와 부피, 원뿔의 높이와 부피를 구할 때도 피타고라스의 정리를 이용한다.

원뿔의 높이와 부피 구하는 방법을 예로 들어보자.

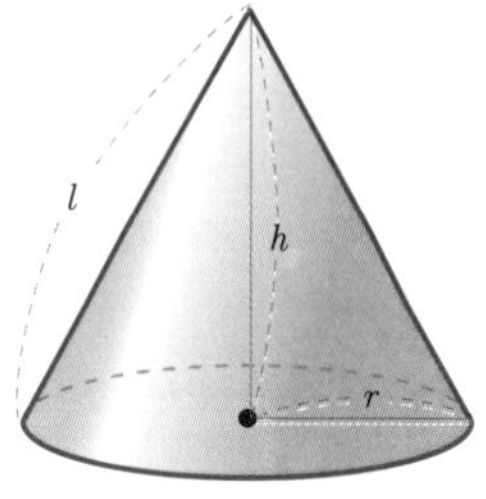

모선의 길이를 l, 밑변의 반지름을 r, 높이를 h라 하면

$$l^2=r^2+h^2 \Rightarrow h=\sqrt{l^2-r^2}$$

부피 $V=\frac{1}{3}\pi r^2h$로 구할 수 있다.

또한 일상 생활에서 강의 폭이나 산의 높이를 잴 때도 직접 강을 건너거나 산을 오르지 않아도 피타고라스의 정리를 이용해 계산할 수 있다.

원과 접선의 길이를 구할 때도 피타고라스의 정리를 이용한다. 두 원 사이의 접선의 길이를 구하는 방법을 예로 들어보자.

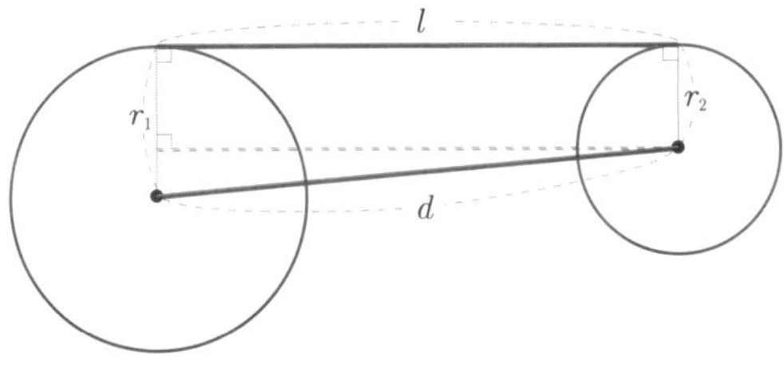

두 원의 반지름을 $r_1r_2(r_1>r_2)$이고 중심거리를 d라고 하면 두 원 사이의 접선 l의 길이는 d를 빗변으로 하는 직각삼각형으로 구할 수 있다.

$$d^2=(r_1-r_2)^2+l^2$$

$$l=\sqrt{d^2-(r_1-r_2)^2}$$

두 원 사이의 접선이 안쪽으로 있을 때도 피타고라스의 정리를 이용한다.

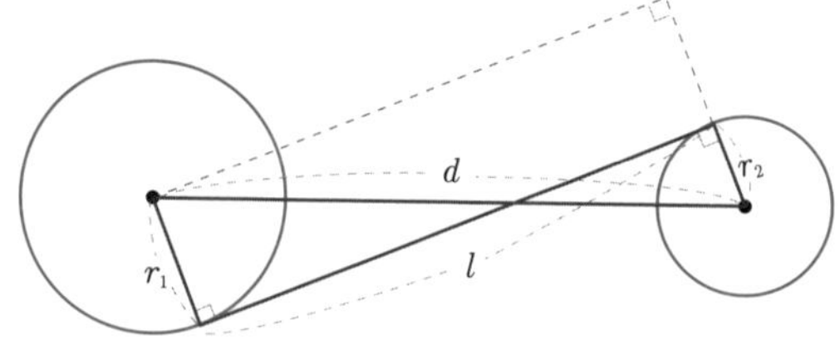

l을 평행이동시키면 d를 빗변으로 하는 직각삼각형이 된다.

$$d^2=l^2+(r_1+r_2)^2$$

$$l=\sqrt{d^2-(r_1+r_2)^2}$$

특수한 직각삼각형에도 피타고라스의 정리를 활용할 수 있는데 이 경우에는 변의 길이 비(빗변의 길이:밑변의 길이:높이)가 예각의 크기에 따라 일정하게 정해진다.

한 변의 길이가 $2a$인 정삼각형을 통하여 진짜 가능한지 확인해 보자.

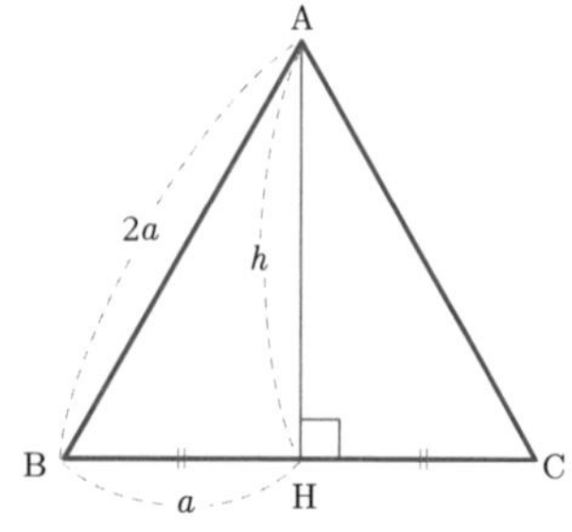

꼭짓점 A에서 대변 BC를 향해 수선 H를 그어본다.

$\overline{AB}=2a$, $\overline{BH}=a$이면 피타고라스의 정리에 의해,

$\overline{AH}=\sqrt{(2a)^2-a^2}=\sqrt{3}\,a$가 된다.

$\angle BAH=30^\circ$, $\angle ABH=60^\circ$일 때

$\angle 30^\circ$를 예각으로 하는 직각삼각형은 다음과 같다.

$$(\text{빗변의 길이}):(\text{밑변의 길이}):(\text{높이})=\overline{AB}:\overline{AH}:\overline{BH}$$
$$=2a:\sqrt{3}\,a:a$$
$$=2:\sqrt{3}:1$$

a값이 어떤 값이 되든 이 비율 또한 일정하다.

$\angle 60^\circ$를 예각으로 하는 직각삼각형도 살펴보자.

$$(\text{빗변의 길이}):(\text{밑변의 길이}):(\text{높이})=\overline{AB}:\overline{BH}:\overline{AH}$$
$$=2a:a:\sqrt{3}\,a$$
$$=2:1:\sqrt{3}$$

a값이 어떤 값이 되든 이 비율은 일정하다.

$\angle 45^\circ$를 예각으로 하는 직각삼각형은 어떻게 될까?

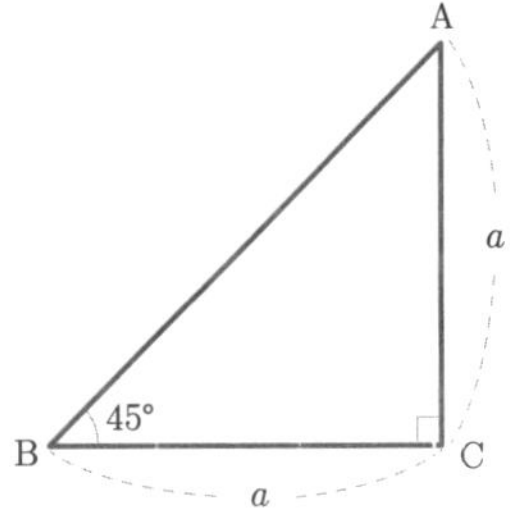

$\angle 45^\circ$를 예각으로 하는 직각삼각형은 이등변삼각형이므로 밑변의 길이와 높이가 a로 같다.

피타고라스의 정리에 의해 빗변의 길이는 $\sqrt{2}\,a$가 되므로,

$$
\begin{aligned}
(\text{빗변}):(\text{밑변}):(\text{높이}) &= \overline{AB}:\overline{BC}:\overline{AC} \\
&= \sqrt{2}\,a : a : a \\
&= \sqrt{2} : 1 : 1
\end{aligned}
$$

직각삼각형은 한 예각의 크기가 같으면 닮은 삼각형이 되므로 모든 변의 길이의 비가 일정하다. 이것을 기억해두면 삼각비에 관한 이해가 쉬워진다.

피타고라스의 활용

특수한 직각삼각형의 세변의 길이의 비

$\angle 30^\circ$인 직각삼각형의 세변의 길이의 비

(빗변의 길이):(밑변의 길이):(높이)$= 2:\sqrt{3}:1$

$\angle 60^\circ$인 직각삼각형의 세변의 길이의 비

(빗변의 길이):(밑변의 길이):(높이)$= 2:1:\sqrt{3}$

$\angle 45^\circ$인 직각삼각형의 세변의 길이의 비

(빗변의 길이):(밑변의 길이):(높이)$= \sqrt{2}:1:1$

문제1 다음 그림과 같은 직각삼각형 ABC의 꼭짓점 A에서 빗변에 내린 수선의 발을 H라 한다.

이때 $\overline{AH}=12cm$, $\overline{BC}=25cm$, $\overline{BH}=9cm$일 때, $\overline{AC}$의 길이를 구하여라.

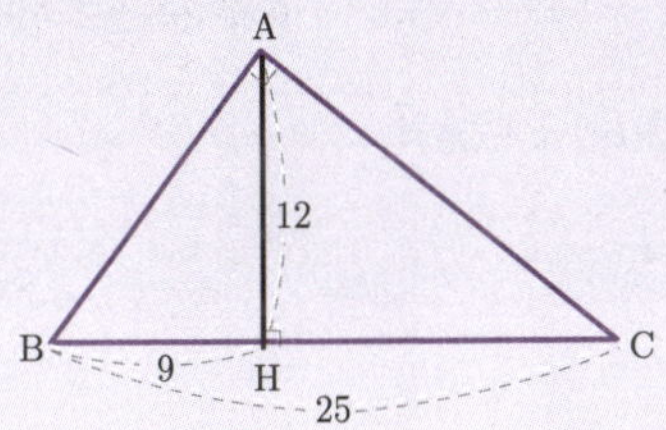

풀이 피타고라스의 정리에 의해,

$$\overline{AC}^2=\overline{AH}^2+\overline{HC}^2$$
$$=12^2+16^2$$
$$=144+256$$
$$=400$$
$$\therefore \overline{AC}=20$$

답 20cm

문제2 ∠B가 90°인 직각삼각형 ABC에서 꼭짓점 A, C와 대변의 중점을 연결한 점을 각각 D, E로 놓고 $\overline{AC}$의 길이가 8cm일 때, △

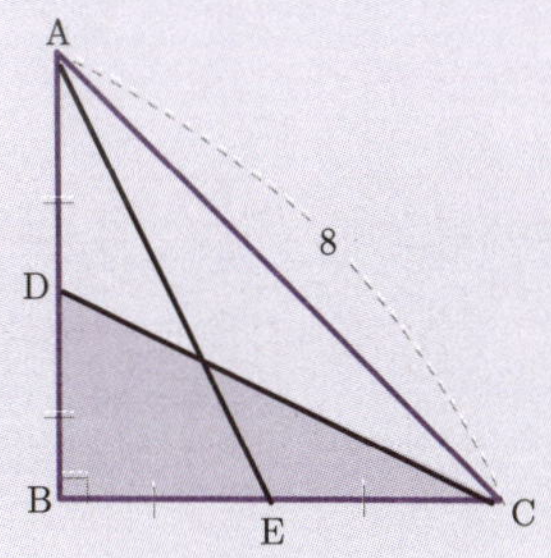

실력 Up

DBC의 넓이를 구하여라.(단 $\overline{AB}=\overline{BC}$)

풀이 $\overline{DB}$를 a로 하면 $\overline{BC}$는 $2a$이다.

△DBC의 넓이는 삼각형의 넓이 구하는 공식에 의해

$\frac{1}{2}\times a\times 2a=a^2$

피타고라스의 정리에 의해

$$8^2=(2a)^2+(2a)^2$$

$$8a^2=64$$

$$a^2=8$$

따라서 △DBC의 넓이는 8cm^2이다.

답 8cm^2

문제 3 다음 그림과 같이 삼각형 ABC의 각 변을 지름으로 하는 반원을 그렸을 때 색칠한 부분의 넓이를 구하여라.

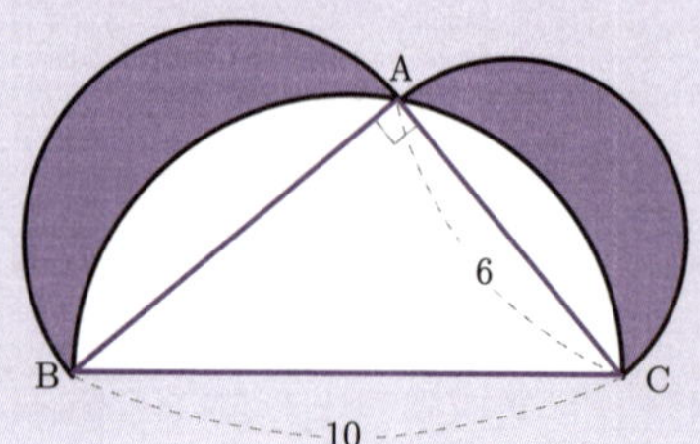

풀이 먼저 그림을 잘 보자. 색칠한 부분은 삼각형 ABC와 $\overline{AB}$와 $\overline{AC}$를 지름으로 하는 각 반원의 넓이를 더한 부분에서 $\overline{BC}$를 지름으로 하는 반원을 뺀 나머지 부분이다.

삼각형 ABC에서 ∠A는 $\overline{BC}$를 지름으로 하는 반원의 원주각이므로 직각이다.

따라서 삼각형 ABC의 넓이$=\frac{1}{2}\times\overline{AB}\times\overline{AC}$ 인데

피타고라스의 정리에 의해

$\overline{AB}=\sqrt{10^2}-\sqrt{6^2}=8$이므로 …①

넓이$=\frac{1}{2}\times8\times6=24$

$\overline{AB}$를 지름으로 하는 반원의 넓이는,

$\frac{1}{2}\times\pi\times4^2=8\pi$ …②

$\overline{AC}$를 지름으로 하는 반원의 넓이는,

$\frac{1}{2}\times\pi\times3^2=\frac{9}{2}\pi$ …③

전체넓이는 ①+②+③$=24+8\pi+\frac{9}{2}\pi$

$=24+\frac{25}{2}\pi$ …④

$\overline{BC}$를 지름으로 하는 반원의 넓이는,

$\frac{1}{2}\times\pi\times5^2=\frac{25}{2}\pi$ …⑤

색칠한 부분의 넓이는,

④−⑤$=24+\frac{25}{2}\pi-\frac{25}{2}\pi=24$

답 24

실력 Up

문제 4 한 변의 길이가 4cm인 정삼각형 ABC의 넓이를 구하여라.

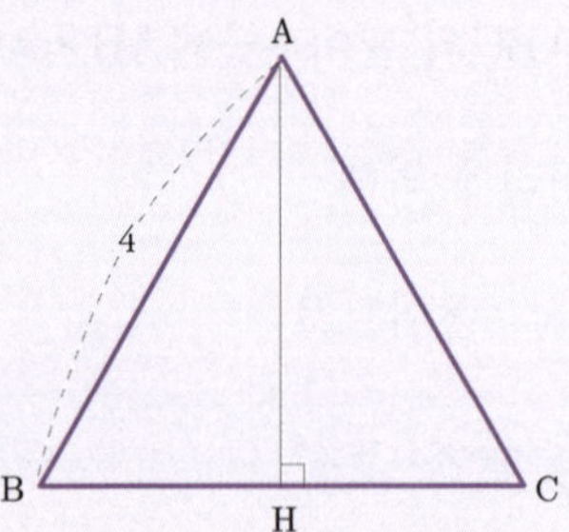

풀이 직각삼각형 ABH에서 $\overline{AB}=4$, $\overline{BH}=2$ ($\overline{AH}$는 $\overline{BC}$를 수직이등분하므로)

$\overline{AH}^2=4^2-2^2=12$

피타고라스의 정리에 의해

$\overline{AH}=\sqrt{12}=2\sqrt{3}$

정삼각형 ABC의 넓이는,

$\frac{1}{2}\times4\times2\sqrt{3}=4\sqrt{3}$

답 $4\sqrt{3}\,\text{cm}^2$

문제 **5** 다음 좌표평면에서 두 점 A, B 사이의 거리를 구하여라.

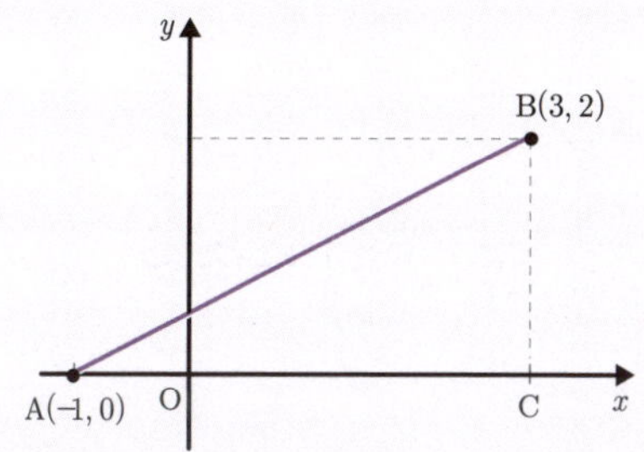

풀이 피타고라스의 정리를 이용하면,

$\overline{AB}^2=\overline{AC}^2+\overline{BC}^2$

$=\{3-(-1)\}^2+(2-0)^2=16+4$

$\overline{AB}=\sqrt{20}=2\sqrt{5}$

답 $2\sqrt{5}$

문제 **6** 다음 그림처럼 모선의 길이가 5cm, 밑면의 반지름의 길이가 3cm인 원뿔의 부피를 구하여라.

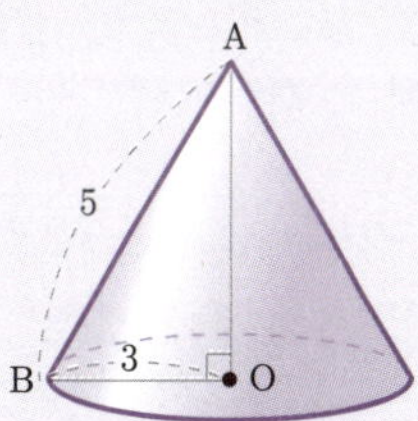

풀이 원뿔의 높이를 h라 하면 $\triangle$ABO는 직각삼각형이다.

실력 Up

$h^2=5^2-3^2=16$

$h=4$

원뿔의 부피$=\frac{1}{3}\times\pi r^2\times h$

$=\frac{1}{3}\times\pi\times 3^2\times 4=12\pi\text{cm}^3$

답 $12\pi\text{cm}^3$

문제 7 다음 그림과 같이 좌표평면 위에 세 점 A, B, C가 있을 때 이 세 점이 이루는 도형의 넓이를 구하여라.

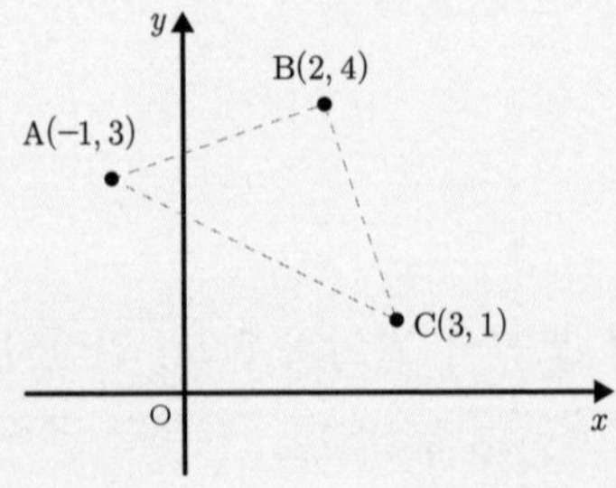

풀이 피타고라스의 정리에 의해

두 점 A, B 사이의 거리$=\sqrt{(-1-2)^2+(3-4)^2}=\sqrt{10}$

두 점 B, C 사이의 거리$=\sqrt{(2-3)^2+(4-1)^2}=\sqrt{10}$

두 점 A, C 사이의 거리$=\sqrt{(-1-3)^2+(3-1)^2}=\sqrt{20}$

따라서 세 변의 비는 $\sqrt{10} : \sqrt{10} : \sqrt{20}$

즉 $1:1:\sqrt{2}$ 이므로 한 예각의 크기가 $45°$ 인 직각삼각형이다.

직각삼각형의 넓이$=\frac{1}{2}\times$밑변$\times$높이

$$=\frac{1}{2}\times\sqrt{10}\times\sqrt{10}=5$$

답 5

피타고라스의 정리에 나타난 비율

학자들은 피타고라스학파가 피타고라스의 정리를 통해 삼각비를 구하다가 무리수의 존재를 알아냈을 것으로 보고 있다. 그들은 이 무리수가 신의 뜻에 위배된다고 믿어 영원히 비밀로 한다는 서약을 했다. 하지만 사실 무리수는 예전부터 이용되었다.

인간이 가장 선호하는 아름다운 비율을 보통 황금비라 일컫는데 1.618이란 수이다. 이는 다시 $\frac{(1+\sqrt{5})}{2}$로 표현할 수 있다.

부석사 무량수전 (© cc-by-2.0-ko:Excretion)

황금비는 그림이나 건축물뿐만 아니라 실생활에도 다양하게 쓰인다. 한 예로 지갑 안에 들어 있는 교통카드나 주민등록증 등도 황금비율이다.

그중에서도 가장 유명한 예술품으로는 밀로의 비너스 조각상, 파르테논 신전 등이 알려져 있다.

하지만 인간에게 가장 아름답게 보인다는 황금비율에 따라 지어진 예술품들이 사실은 황금비율이 아니라는 연구 결과들도 있다. 파르테논 신전을 측정한 수치가 연구자에 따라 각각 다른 것에 의문을 품고 연구한 결과 파르테논 신전의 가로와 세로는 외관과 내관 모두 각각 9:4로 정수비였다.

파르테논 신전(© UserMountain)

밀로의 비너스 조각상

그렇다면 무리수 $\sqrt{2}$를 이용한 비율은 어떠할까?

$1:\sqrt{2}$, 즉 1.414 비율은 금강비라고 한다. 부석사 무량수전과 석굴암, 더 옛날로 가면 신석기 시대나 청동기 시대의 주거 지역에서도 금강비를 찾아볼 수 있다. 그렇다면 우리 선조들은 무리수를 알지는 못했어도 그 존재를 느끼고 있었던 것은 아닐까?

물론 일상생활에서도 금강비는 사용되고 있다. 흔히 쓰이는 복사지, 바로 A4 용지의 가로와 세로 비율이 약 1.414 즉 무리수 $\sqrt{2}$의 근삿값이다.

석굴암(© cc-by-sa-3.0-Richardfabi)

6장

요모조모 쓸모 있는

삼각비

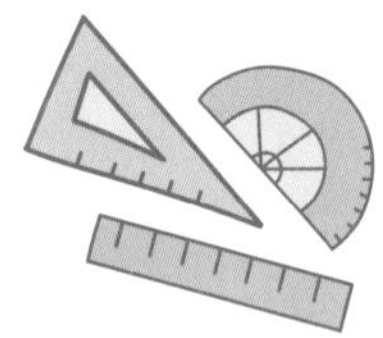

옛날 사람들은 별과 달, 태양 등을 이용해 시간과 계절을 알았다. 항해하는 사람들은 밤하늘에 떠 있는 별의 위치를 이용해 자신의 위치를 알아내고 직각삼각형을 이용해 별들의 지도와 해도를 그렸다.

지금도 지평좌표계를 통해 별의 고도나 방위각을 알아볼 때 삼각형의 성질을 이용한다.

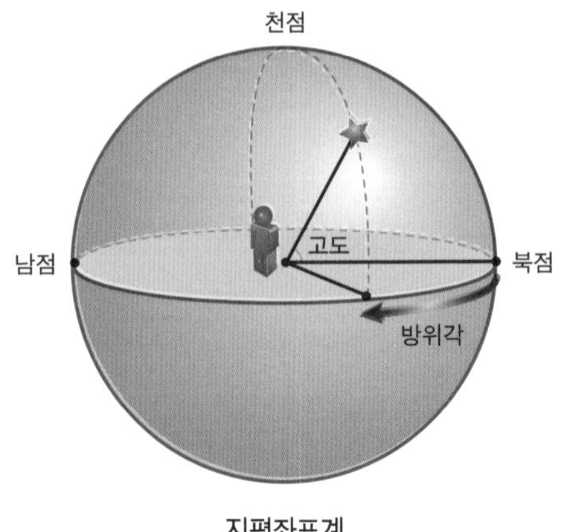

지평좌표계

1858년 스코틀랜드의 골동품 수집가였던 헨리 린드는 휴양차 이집트로 여행을 떠났다. 그는 나일 계곡을 여행하던 중 테베의 고대 건물 폐허에서 발견되었다는 오래된 파피루스를 구입하게 되었다. 이 파피루스에는 삼각형과 식처럼 보이는 것이 그려져 있었다. 학자들은 이 문서를 번역해 B. C. 1600년경에 활동한 어느 왕의 서기 아메스의 기록물임을 알게 되었다.

그래서 이 파피루스를 '린드파피루스' 또는 '아메스파피루스'라고 부른다.

린드파피루스는 일종의 수학문제집으로, 단위분수의 계산법과 삼각형, 사다리꼴의 넓이나 원기둥, 각기둥의 높이, 원의 부피 등을 구하는 문제들이 있었다. 그중 몇 문제는 피라미드의 높이나 기울기 등에 관한 것으로, 고대 이집트인들이 '삼각형에서 닮은 삼각형끼리는 세 변의 길이의 비가 일정하다'는 사실을 이용한 것을 알게 되었다.

린드파피루스

고대 이집트인들이 이용했던 닮은 삼각형의 성질을 지금부터 확인해보자.

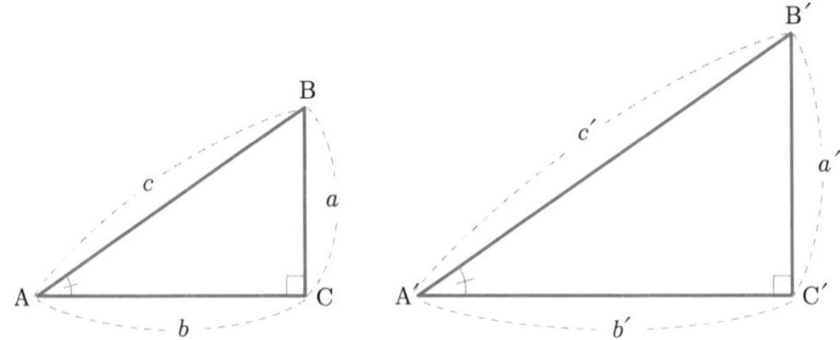

두 직각삼각형 △ABC와 △A′B′C′는 ∠A=∠A′이고, ∠C=∠C′=90°이다.

두 도형은 AA닮음이다. 그리고 도형의 닮음에서 배웠듯이 삼각형의 크기에 관계없이 대응하는 모든 변의 길이는 일정한 닮음비를 가진다.

$$\frac{b}{a}=\frac{b'}{a'},\ \frac{a}{c}=\frac{a'}{c'},\ \frac{b}{c}=\frac{b'}{c'}$$

$$\text{즉 } a:b:c=a':b':c'$$

그렇다면 한 직각삼각형 내에서 각 변 a, b, c 사이에는 어떤 관계가 있을까?

직각삼각형의 두 변의 길이만 알면 우리는 피타고라스의 정리에 의해 다른 한 변의 길이를 알 수 있었다. 따라서 직각삼각형은 각 변 사이에 일정한 비가 성립할 것이라는 예상이 가능하다.

직각삼각형에서 한 예각을 기준으로 했을 때, 두 변 사이의 비가 삼각비이다.

직각삼각형 ABC에서 $\angle C=90^\circ$일 때 한 예각, $\angle A$를 기준으로 $\overline{AC}$를 밑변의 길이, $\overline{AB}$를 빗변의 길이, $\overline{BC}$를 높이라고 부른다.

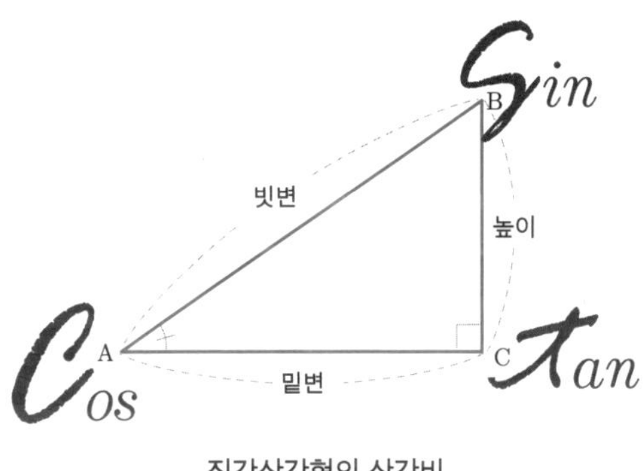

직각삼각형의 삼각비

이때, $\dfrac{\text{높이}}{\text{빗변의 길이}}$의 비의 값을 $\sin A$,

$\dfrac{\text{밑변의 길이}}{\text{빗변의 길이}}$의 비의 값을 $\cos A$,

$\dfrac{\text{높이}}{\text{밑변의 길이}}$의 비의 값을 $\tan A$

라 하며 $\sin A$, $\cos A$, $\tan A$를 $\angle A$의 삼각비라고 한다.

이처럼 삼각비의 값을 쉽게 구할 수 있는 특수한 각들이 있는데 이 각들의 삼각비를 이용해 더 많은 각들의 삼각비의 값을 구할 수 있다.

한 변의 길이가 2인 정삼각형 ABC를 통하여 삼각비의 값을 알아보자.

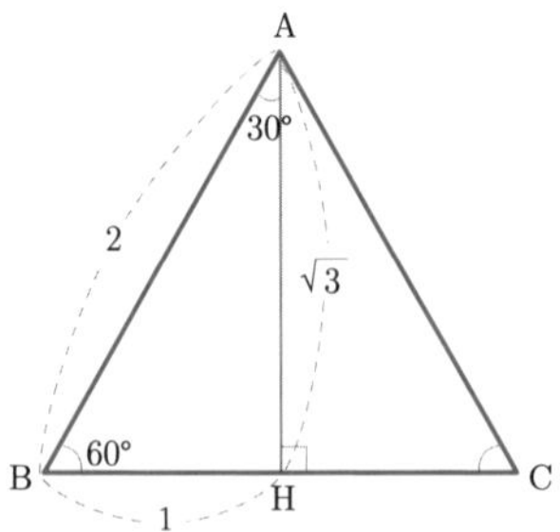

한 변의 길이가 2 인 정삼각형

정삼각형 ABC의 꼭짓점 A에서 밑변에 수선을 그어 직각삼각형 ABH를 만든다.

$\overline{AH}$의 길이는 피타고라스의 정리에 따라

$2^2=1^2+\overline{AH}^2$

$\overline{AH}=\sqrt{3}$

$\angle A$가 30° 일 때와 $\angle B$가 60° 일 때를 기준으로 각각 살펴보면,

1) $\angle A$가 30° 일 때의 기준 삼각비

$\sin 30°=\frac{1}{2}$

$\cos 30°=\frac{\sqrt{3}}{2}$

$\tan 30°=\frac{1}{\sqrt{3}}=\frac{\sqrt{3}}{3}$

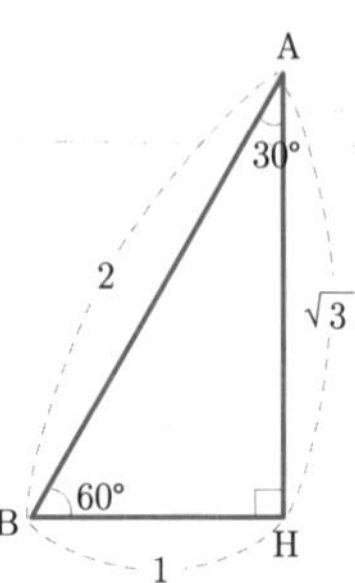

2) ∠B가 60°일 때의 기준 삼각비

$\sin 60^\circ = \frac{\sqrt{3}}{2}$

$\cos 60^\circ = \frac{1}{2}$

$\tan 60^\circ = \frac{\sqrt{3}}{1} = \sqrt{3}$

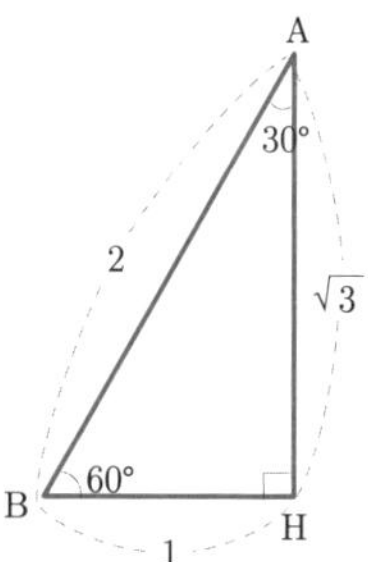

그렇다면 예각이 45°일 때의 삼각비의 값은 어떻게 될까?

한 변의 길이가 1인 정사각형을 그린 후 대각선을 그어보자.

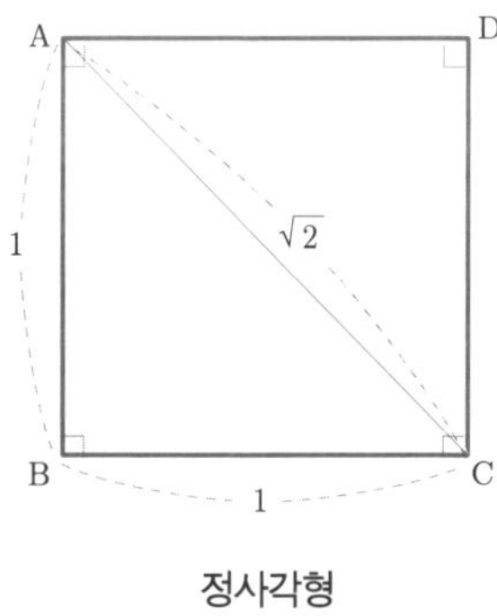

정사각형

직각이등변삼각형 ABC가 만들어졌다. 이때 $\overline{AC}$는 피타고라스의 정리에 의해 $\sqrt{2}$가 된다.

이 경우 두 예각이 45°로 같기 때문에 어느 각을 기준으로 해도 삼각비의 값은 같다.

$$\sin 45° = \frac{1}{\sqrt{2}} = \frac{\sqrt{2}}{2}$$

$$\cos 45° = \frac{1}{\sqrt{2}} = \frac{\sqrt{2}}{2}$$

$$\tan 45° = \frac{1}{1} = 1$$

직각삼각형의 크기가 달라도 닮음비는 일정하므로 이 삼각비의 값은 같다. 그렇다면 삼각비는 왜 중요할까? 무엇 때문에 실생활과 멀어보임에도 꼭 등장해 우리를 괴롭히는 걸까?

그저 수학의 한 분야로만 보이는 이 삼각비는 사실 우리 생활에 유용하게 쓰이고 있다. 삼각비를 알면 거리와 넓이까지 구할 수 있기 때문에 저수지의 용량이나 땅의 넓이를 잴 때 뿐 아니라, 인공위성이나 레이더 관측 등 다양한 분야에서 이용할 수 있다. 그래서 삼각비는 다양한 분야에서 필요로 하고 있다.

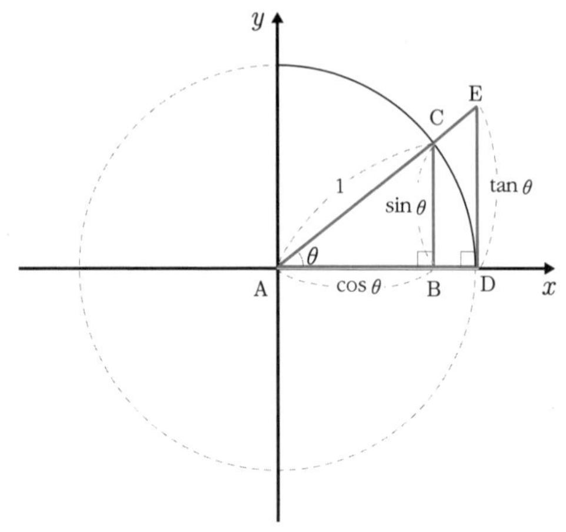

이제 특수각이 아닌 일반각의 삼각비의 값을 구해보자.

우선 왼쪽 그림처럼 좌표평면에 반지름의 길이가 1인 원을 그려보자. 이런 원을 단위원이라고 하며 단위원에 예각 θ를 가진 직각삼각형을 그린 후 삼각비의 값을 구한다.

$$\sin\theta = \frac{\overline{BC}}{\overline{AC}} = \overline{BC}$$

$$\cos\theta = \frac{\overline{AB}}{\overline{AC}} = \overline{AB}$$

$$\tan\theta = \frac{\overline{DE}}{\overline{AD}} = \overline{DE}$$

단위원을 그리면 분모가 1이 되어 삼각비의 값을 구할 수 있다.

삼각비의 값을 표로 나타내면 다음과 같다.

삼각비 \ 각도	0	30°	45°	60°	90°
$\sin\theta$	0	$\frac{1}{2}$	$\frac{\sqrt{2}}{2}$	$\frac{\sqrt{3}}{2}$	1
$\cos\theta$	1	$\frac{\sqrt{3}}{2}$	$\frac{\sqrt{2}}{2}$	$\frac{1}{2}$	0
$\tan\theta$	0	$\frac{\sqrt{3}}{3}$	1	$\sqrt{3}$	정할 수 없다

이를 그래프로 그려보면 sin과 cos은 45°를 기준으로 서로 선대칭이다.

tan값은 sin과 같은 값에서 출발하여 증가하다가 $\tan 45° = 1$

을 지나면서 급격히 증가하여 $\tan 90^\circ$가 되면 그 값을 정할 수 없게 된다.

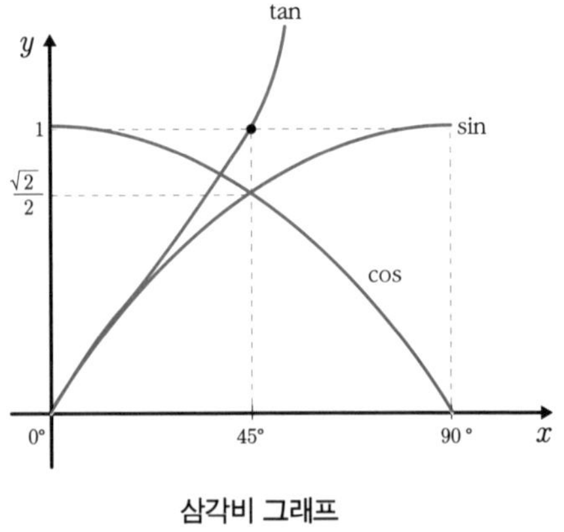

삼각비 그래프

θ값의 변화에 따른 삼각비를 삼각함수라고 하는데, 소리의 파동이나 파도의 움직임 등을 sin함수나 cos함수의 그래프로 나타낼 수 있다. 또 두 예각 $\angle A$와 $\angle B$가 $\angle A + \angle B = 90^\circ$의 관계에 있을 때, 두 각은 서로 다른 각의 여각이라고 하며 여각의 삼각비는 다음과 같다.

$$\sin A = \cos(90^\circ - A) = \cos B$$

$$\cos A = \sin(90^\circ - A) = \sin B$$

$$\tan A = \frac{1}{\tan(90^\circ - A)} = \frac{1}{\tan B}$$

또한 두 예각 $\angle A$와 $\angle B$가 $\angle A + \angle B = 90^\circ$일 때, 삼각비 사이의 관계는 다음과 같다(단 $0 \le \sin A \le 1$, $0 \le \cos A \le 1$).

$$\tan A = \frac{\sin A}{\cos A}$$

$$\sin^2 A + \cos^2 A = 1$$

삼각비를 이용하면 도형에서 모르는 변의 길이를 구할 수도 있다.

예를 들어 직각삼각형에서 한 변의 길이와 한 예각의 크기만 알고 있다면 삼각비를 이용해 나머지 두 변의 길이를 구하면 된다.

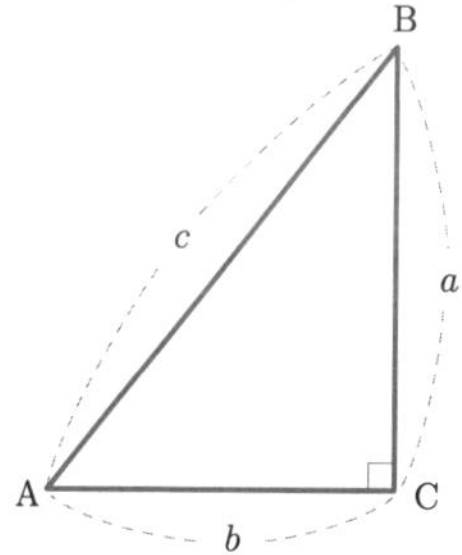

1) ∠A와 c를 알 때

$a = c \times \sin A$이고 $b = c \times \cos A$로 구할 수 있다.

2) ∠A와 b를 알 때

$a = b \times \tan A$이고 $c = \frac{b}{\cos A}$로 구할 수 있다.

3) ∠A와 a를 알 때

$c = \frac{a}{\sin A}$이고 $b = \frac{a}{\tan A}$로 구할 수 있다.

측량기사가 토지측량기구를 가지고 땅의 길이를 재는 것을 본 적이 있는가? 이때도 삼각비를 이용한다. 높이 1500미터의 산을 바라보며 측량기사가 서 있는 지점에서 산 정상에서 그은 수선의 발까지의 거리를 재 보자. 특수 측정기로 산 정상을 올려다본 각도는 30° 이다.

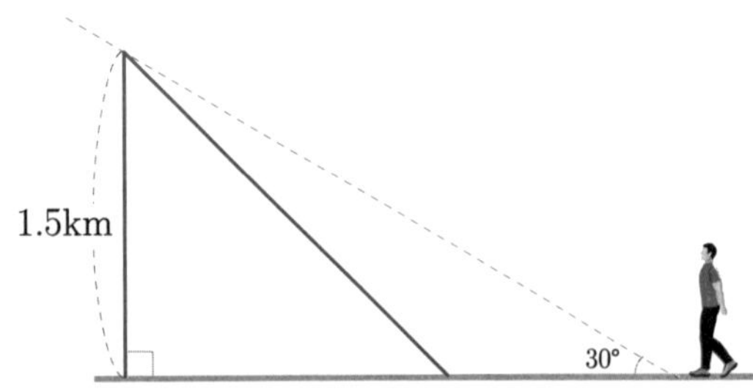

$$\tan(30^\circ)=\frac{1.5}{d}$$

$$d=\frac{1.5}{\tan(30^\circ)}=2.6\text{km}$$

이 외에도 삼각비를 이용해 삼각형의 높이와 넓이, 다각형의 높이와 넓이를 구할 수 있다. 이제 이것이 가능하지 확인해보자.

도형의 넓이와 삼각비의 활용

삼각형의 넓이 구하는 법은 그 외 다른 도형의 넓이를 구할 때 기본이 되는 방법이므로 꼭 이해하고 넘어가자.

흔히 밑변과 높이를 알 때 삼각형의 넓이는 $\frac{1}{2}\times$밑변$\times$높이이다.

삼각형의 두 변의 길이와 그 끼인각의 크기는 아는데 높이를 모르면 삼각형의 넓이는 어떻게 구할까?

삼각비를 이용하여 높이 h를 구하면 된다.

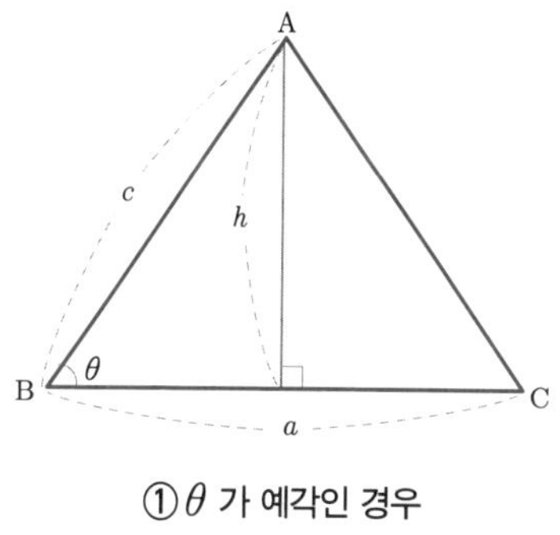

①θ 가 예각인 경우

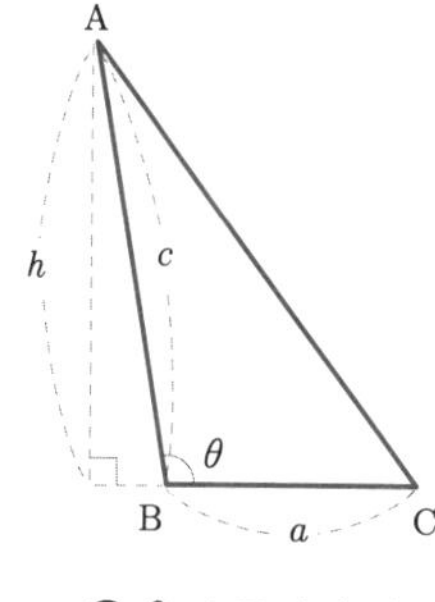

②θ 가 둔각인 경우

1) θ가 예각인 경우

$h=c\times\sin\theta$

삼각형의 넓이$=\frac{1}{2}\times a\times h=\frac{1}{2}ac\sin\theta$

2) θ가 둔각인 경우

$h=c\times\sin(180^\circ-\theta)$

삼각형의 넓이$=\frac{1}{2}\times a\times h=\frac{1}{2}ac\sin(180^\circ-\theta)$

사각형의 넓이를 구할 때도 삼각비를 이용하면 쉽다.

평행사변형의 넓이는 밑변×높이로 구한다. 높이를 모를 때 두 변의 길이와 그 끼인각의 크기를 알면 평행사변형의 넓이는 다음과 같이 구하면 된다.

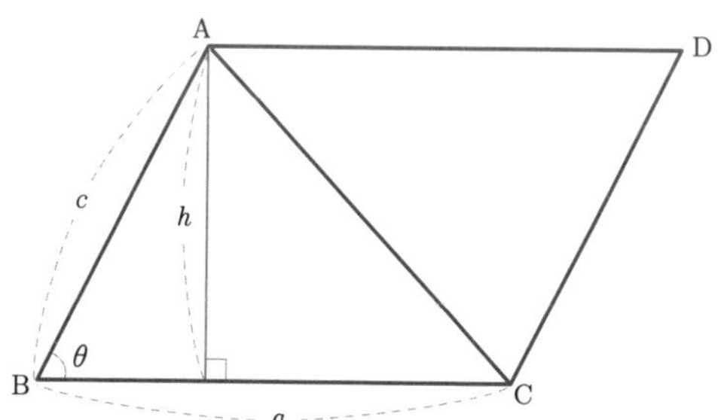

$h = c \times \sin\theta$

$$\square ABCD = \triangle ABC + \triangle ACD$$
$$= 2 \times \frac{1}{2} \times a \times c \times \sin\theta$$
$$= ac \sin\theta$$

사다리꼴의 넓이는 $\frac{1}{2} \times$(윗변+아랫변)×높이로 구한다. 그러나 높이를 모르고 윗변과 아랫변 그리고 옆변과 끼인각의 크기가 주어지면 다음과 같이 구한다.

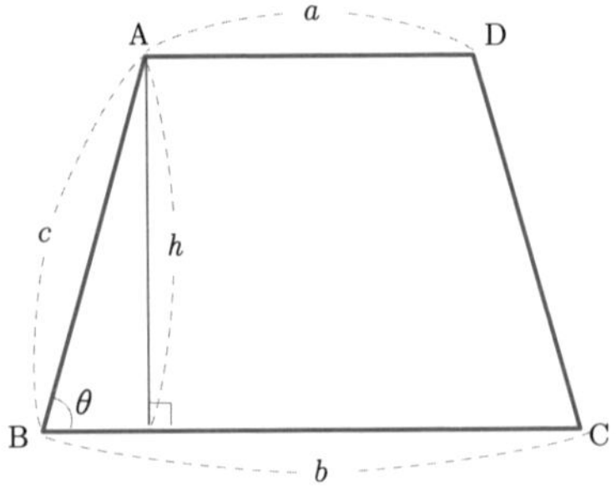

$h = c \times \sin\theta$

$$\square ABCD = \frac{1}{2} \times (a+b) \times h$$
$$= \frac{1}{2} \times (a+b) \times c \times \sin\theta$$

마름모의 넓이는 $\frac{1}{2} \times$ 대각선의 길이×다른 대각선의 길이로 구한다. 그러나 대각선의 길이를 모르고 한 변의 길이와 한 각의 크기를 안다면 구하는 방법은 다음과 같다.

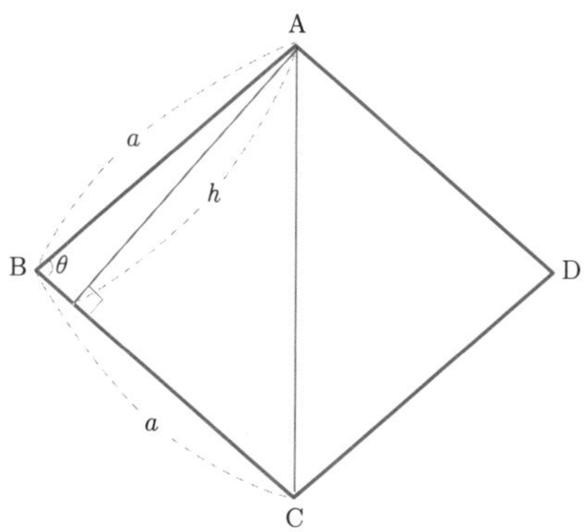

$h = a \times \sin\theta$

$$\square ABCD = \frac{1}{2} \times a \times h \times 2$$

$$= a \times h$$

$$= a \times a \times \sin\theta$$

$$= a^2 \sin\theta$$

서로 다른 두 삼각형을 합하여 만든 사각형의 넓이를 구할 때도 삼각비를 이용할 수 있다.

지금부터 두 대각선의 길이와 그 교각 중 예각의 크기를 아는 사각형의 넓이를 구해보자. 그림은 다음과 같다.

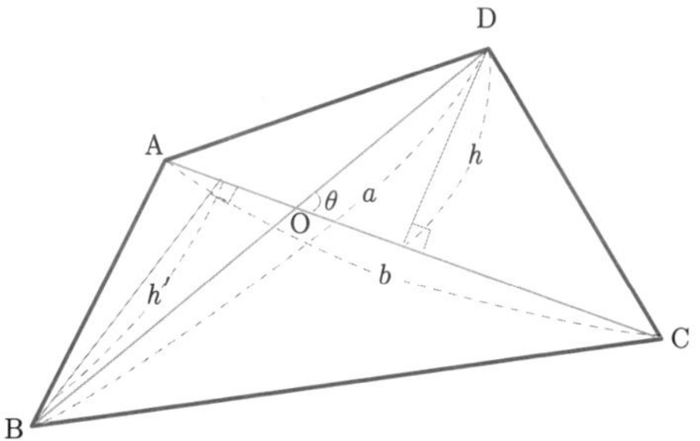

$$\square \mathrm{ABCD} = \triangle \mathrm{ABC} + \triangle \mathrm{ACD}$$

$$\triangle \mathrm{ABC} = \frac{1}{2} \times \overline{\mathrm{AC}} \times h'$$

$$= \frac{1}{2} \times b \times \overline{\mathrm{OB}} \times \sin\theta$$

$$\triangle \mathrm{ACD} = \frac{1}{2} \times \overline{\mathrm{AC}} \times h$$

$$= \frac{1}{2} \times b \times \overline{\mathrm{OD}} \times \sin\theta$$

$$\square \mathrm{ABCD} = \triangle \mathrm{ABC} + \triangle \mathrm{ACD}$$

$$= \frac{1}{2} \times b \times \overline{\mathrm{OB}} \times \sin\theta + \frac{1}{2} \times b \times \overline{\mathrm{OD}} \times \sin\theta$$

$$= \frac{1}{2} \times b \times (\overline{\mathrm{OB}} + \overline{\mathrm{OD}}) \times \sin\theta$$

$$= \frac{1}{2} \times b \times a \times \sin\theta$$

$$= \frac{1}{2} ab \sin\theta$$

그렇다면 모양이 불규칙한 도형의 넓이는 어떻게 계산할까?

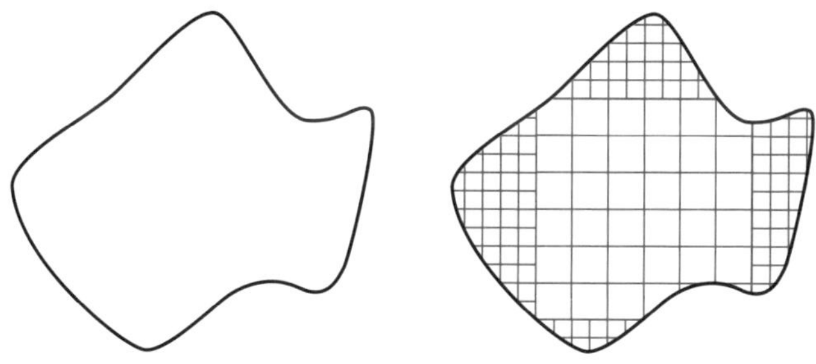

그림처럼 울퉁불퉁하게 생긴 도형이 있다. 다각형도 원도 아닌 조약돌 모양의 도형을 보면 어떻게 넓이를 계산할지 고민이 되겠지만 우리가 아는 방법을 이용하면 된다.

조약돌 모양의 도형 안에 넓이를 아는 정사각형으로 채우는 것이다. 먼저 큰 정사각형으로 채우고 남은 부분은 작은 정사각형으로 채운다. 곡선 부분은 더 작은 정사각형을 사용하여 처음 모양과 닮은 다각형으로 채워서 더 정밀하게 넓이를 구할 수 있다. 이것이 적분학의 기본이다. 여러분은 이제 적분과 도형이 만나는 지점까지 온 것이다. 이처럼 수학은 미분·적분·함수·도형·연산 등 각 분야가 서로서로 맞물린 재미있는 학문이다. 수학은 우리의 시야를 넓힐 수 있는 기회도 주며 논리와 사고의 확장을 선물하기도 하니 이번 기회에 부디 즐기는 수학을 만나보길 바란다.

문제 1 직각삼각형 ABC에서 sin A, cos A, tan A를 각각 구하여라.

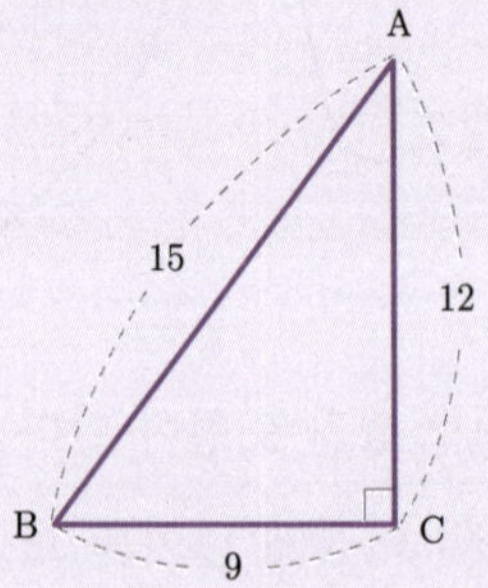

풀이 $\sin A = \frac{\overline{BC}}{\overline{AB}} = \frac{9}{15} = \frac{3}{5}$

$\cos A = \frac{\overline{AC}}{\overline{AB}} = \frac{12}{15} = \frac{4}{5}$

$\tan A = \frac{\overline{BC}}{\overline{AC}} = \frac{9}{12} = \frac{3}{4}$

답 $\sin A = \frac{3}{5}$, $\cos A = \frac{4}{5}$, $\tan A = \frac{3}{4}$

문제 2 반지름의 길이가 2인 사분원에서 $\cos\theta$의 값을 구하여라.

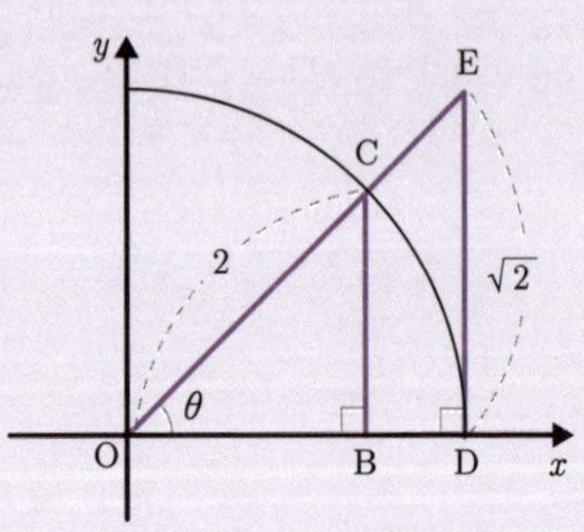

풀이 △ODE는 직각삼각형이다. 반지름의 길이가 2인 사분원이므로 $\overline{OD}=2$, $\overline{DE}=\sqrt{2}$

$\overline{OE}=\sqrt{\{2^2+(\sqrt{2})^2\}}=\sqrt{6}$

피타고라스의 정리에 의해

$\cos\theta=\frac{\overline{OD}}{\overline{OE}}=\frac{2}{\sqrt{6}}=\frac{\sqrt{6}}{3}$

답 $\cos\theta=\frac{\sqrt{6}}{3}$

문제 3 $\sin A=\frac{\sqrt{2}}{2}$일 때 $\tan A$를 구하여라.

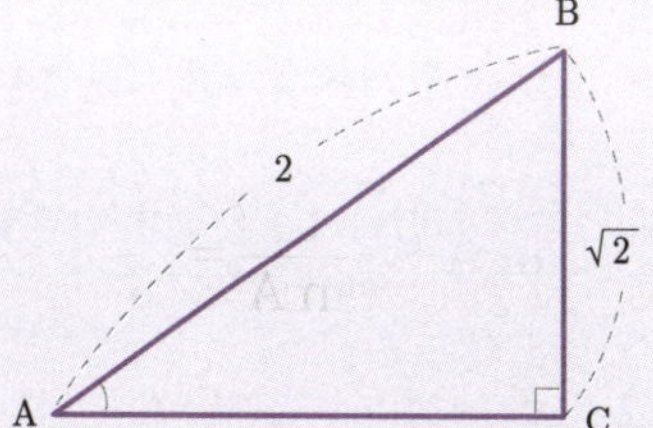

풀이 $\sin A=\frac{\sqrt{2}}{2}$라는 건 빗변의 길이가 2, 높이가 $\sqrt{2}$ 인 직각삼각형이다.

피타고라스의 정리, $빗변^2=높이^2+밑변^2$을 이용하면,

$\overline{AC}^2=2^2-\sqrt{2}^2=4-2=2$

$\overline{AC}=\sqrt{2}$

따라서 $\tan A=\frac{높이}{밑변의\ 길이}=\frac{\sqrt{2}}{\sqrt{2}}=1$

답 1

실력 Up

문제 4 $\sin A \cos A = 3$일 때, $\tan A + \frac{1}{\tan A}$를 구하여라.

풀이 $\tan A = \frac{\sin A}{\cos A}$

$$\tan A + \frac{1}{\tan A} = \frac{\sin A}{\cos A} + \frac{\cos A}{\sin A}$$

$$= \frac{\sin^2 A}{\sin A \cos A} + \frac{\cos^2 A}{\sin A \cos A}$$

$$= \frac{(\sin^2 A + \cos^2 A)}{\sin A \cos A}$$

$\sin A \cos A = 3$, $\sin^2 A + \cos^2 A = 1$ 이므로

$$\therefore \tan A + \frac{1}{\tan A} = \frac{1}{3}$$

답 $\frac{1}{3}$

문제 5 □ABCD에서 $\overline{AD} = 2\text{cm}$,

$\angle ABD = 45^\circ$, $\angle BDC = 30^\circ$,

$\angle ADB = \angle CBD =$ 직각일 때

$\overline{CD}$의 길이를 구하여라.

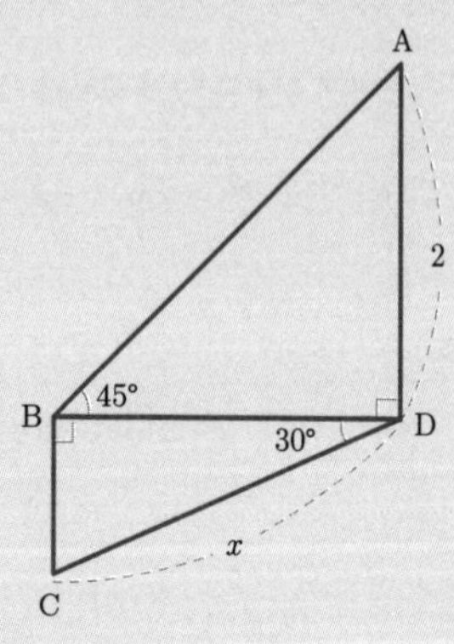

풀이 $\tan 45° = 1$이므로 $\overline{BD}$를 a로 하면

$$\frac{\overline{AD}}{\overline{BD}} = \frac{2}{a} = 1$$

$\overline{BD} = a = 2$ …①

$$\cos 30° = \frac{a}{x}$$

$$\frac{\sqrt{3}}{2} = \frac{a}{x}$$

$a=2$를 대입하여 식을 전개하면

$$2 \times 2 = \sqrt{3}\,x$$

$$x = \frac{4}{\sqrt{3}} = \frac{4\sqrt{3}}{3}$$

x는 $\overline{BD}$의 길이이므로 $\frac{4\sqrt{3}}{3}$이다.

답 $\frac{4\sqrt{3}}{3}$

문제 6 $\angle C = 120°$이고 $\overline{AC} = 6$, $\overline{BC} = 4$일 때 $\triangle ABC$의 넓이를 구하여라.

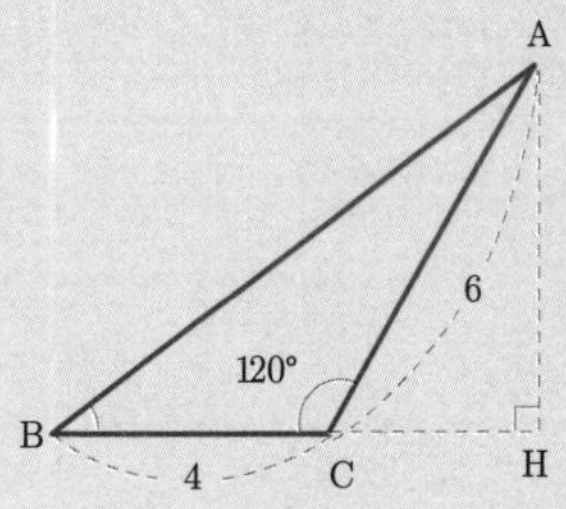

실력 Up

풀이 $\triangle ABC$의 넓이$=\frac{1}{2}\times\overline{BC}\times\overline{AH}$

$\triangle ACH$에서 $\angle ACH=180^\circ-120^\circ=60^\circ$

$\sin 60^\circ=\frac{\overline{AH}}{\overline{AC}}$

$\overline{AH}=\sin 60^\circ\times\overline{AC}=\frac{\sqrt{3}}{2}\times 6=3\sqrt{3}$

$\triangle ABC$의 넓이$=\frac{1}{2}\times\overline{BC}\times\overline{AH}$

$=\frac{1}{2}\times 4\times 3\sqrt{3}$

$=6\sqrt{3}$

답 $6\sqrt{3}$

문제 7 한 변의 길이가 6인 정팔면체의 부피를 구하여라.

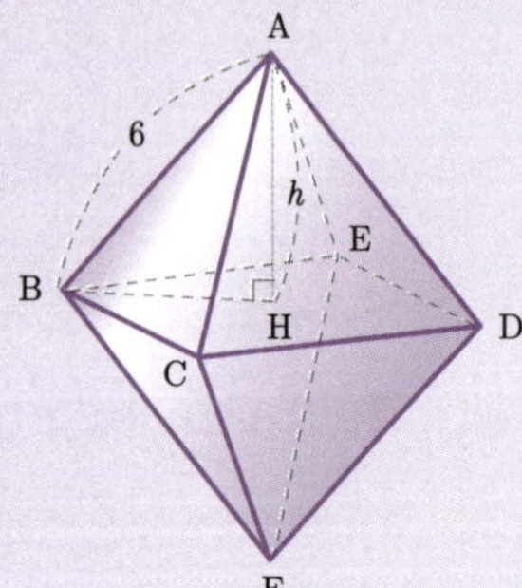

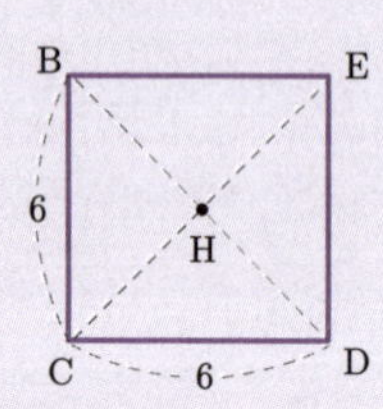

풀이 정팔면체는 정사각뿔 2개를 합친 모양이므로

정팔면체의 부피$=2\times\frac{1}{3}\times$밑넓이$\times$높이$(h)$

밑넓이$=6\times6=36$ …①

그러나 h의 길이는 모르기 때문에 $\overline{BH}$의 길이를 알고난 후 구해본다.

$\overline{BH}$의 길이는, 점 H가 정사각형 EBCD의 대각선의 교점이므로

$\overline{BH}=\frac{1}{2}\overline{BD}$

$\overline{BD}=\sqrt{(6^2+6^2)}=\sqrt{72}=6\sqrt{2}$

$\overline{BH}=\frac{1}{2}\overline{BD}=3\sqrt{2}$

△ABH에서 높이 $h^2=\overline{AB}^2-\overline{BH}^2$

$=6^2-(3\sqrt{2})^2$

$=36-18=18$

$h=\sqrt{18}=3\sqrt{2}$ …②

①, ②에 의하여

정팔면체의 부피$=2\times\frac{1}{3}\times36\times3\sqrt{2}$

$=72\sqrt{2}$

답 $72\sqrt{2}$

참고도서

『재미있는 수학여행 3 (기하의 세계)』 –김용운 · 김용국 저 〈김영사〉

『놀라운 도형의 세계』 –안나 체라솔리 저 〈에코리브르〉

『김용운의 수학사』 –김용운 저 〈살림〉

『세한도의 수수께끼』 –안소정 저 〈창비〉

『틀 중학수학 (기하편)』 –아이옥스 편집부 저 〈아이옥스〉

『그림으로 원리를 알 수 있는 첫 번째 도형 이야기』 –고와다 마지지 · 다지마 노부오 저 〈일출봉〉

『그림으로 원리를 알 수 있는 두 번째 도형 이야기』 –고와다 마지지 · 다지마 노부오 저 〈일출봉〉

『탈레스가 들려주는 평면도형 이야기』 –홍선호 저 〈자음과 모음〉

『십대를 위한 맛있는 수학사 1 (고대편)』 –김리나 저 〈휴머니스트〉

『유클리드가 들려주는 기본도형과 다각형 이야기』 –김남준 저 〈자음과 모음〉

『누구나 수학』 –위르겐 브뤽 저 〈지브레인〉

『교실 밖으로 꺼낸 수학이 보이는 세계사』 - 차길영 〈지식의 숲〉

『이런 수학은 처음이야』 - 최영기 〈북이십일 21세기북스〉

『한국사에서 수학을 보다』 - 이광연 〈위즈덤하우스〉

참고사이트

위키피디아

네이버 지식백과